清華大學出版社
北京

内 容 简 介

本书是一本难度适当、易学易懂的小学生 Python 启蒙教材，用贴近孩子的语言，通过多个简单、有趣的编程案例，激发孩子学习和探索科技的兴趣。本书以程序为中心，适当弱化语法。本书共 11 章，涵盖 Python 输入输出、数据类型、选择循环基本结构、函数、面向对象编程、海龟绘图、二进制和 GUI 编程等，内容丰富全面，每章末尾配有单词表和思考题，帮助读者巩固所学知识和技能。

本书适合任何想要通过 Python 学习编程的读者，尤其适合学生、老师、家长，以及想要理解计算机编程基础知识的未成年人阅读学习。

图书在版编目（CIP）数据

在最好的年纪学 Python：小学生趣味编程/曹阳波，李文月编著. —北京：清华大学出版社，2021.1
(2024.3重印)
ISBN 978-7-302-56000-5

Ⅰ. ①在…　Ⅱ. ①曹… ②李…　Ⅲ. ①软件工具－程序设计－少年读物　Ⅳ. ①TP311.561-49

中国版本图书馆 CIP 数据核字(2020)第 121773 号

责任编辑：黄　芝
封面设计：刘　键
责任校对：梁　毅
责任印制：刘海龙

出版发行：清华大学出版社
网　　址：https://www.tup.com.cn, https://www.wqxuetang.com
地　　址：北京清华大学学研大厦 A 座　　**邮　　编**：100084
社 总 机：010-83470000　　**邮　　购**：010-62786544
投稿与读者服务：010-62776969，c-service@tup.tsinghua.edu.cn
质量反馈：010-62772015，zhiliang@tup.tsinghua.edu.cn
课件下载：https://www.tup.com.cn，010-83470236
印 装 者：三河市君旺印务有限公司
经　　销：全国新华书店
开　　本：203mm×260mm　　**印　　张**：8.25　　**字　　数**：156 千字
版　　次：2021 年 1 月第 1 版　　**印　　次**：2024 年 3 月第 3 次印刷
印　　数：3501～4000
定　　价：59.80 元

产品编号：086129-01

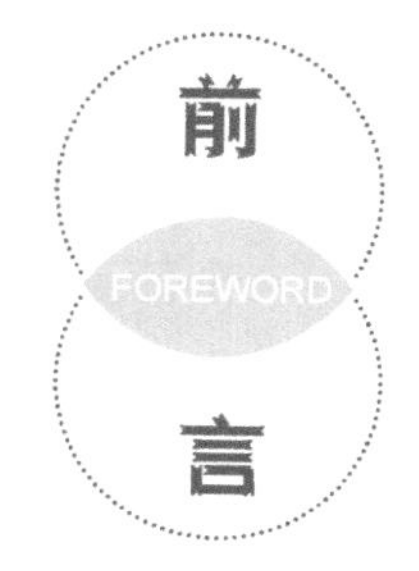

前言

这个世界变化太快！人工智能的发展使人们无法预计几十年后的世界将会怎样，人们想让孩子们长大后从事的工作或许正在被人工智能所替代。无人驾驶、无人超市、无人书店、无人客服等一批新技术正在改变人们生活的世界。让孩子从小接触人工智能，培养孩子形成编程思维，这样才能使孩子更好地拥抱未来的世界。

细数当今影响人类的科技巨头，华为、谷歌、IBM、微软、苹果、阿里巴巴、亚马逊、腾讯、百度、小米等公司，全都和计算机科学相关，它们代表了当今社会发展的潮流。要想跟上潮流的步伐，一个比较一致的意见是——学习编程，越早越好。

未来的新文盲将是不会编程的人。以前，识字是基本技能，不识字就是文盲。在九年制义务教育普及后，不识字的人几乎没有了，不会打字、不会使用计算机的人将成为新文盲。未来，人的工作大部分被机器取代，人不仅要与人沟通，还要与机器沟通。人与机器沟通的方式就是通过编程。

有的家长可能觉得，编程从孩子学起是不是太早了？错！编程不是一项技能，而是一种思维训练模式，必须从小培养。编程很难吗？对思维固化的大人而言确实难；而对于孩子来说，编程就是一种语言，学习编程和学习说话一样。

编程思维对孩子的具体好处是什么？首先，编程能够帮助孩子理解抽象的概念。对于许多孩子来说，很多概念太抽象，离生活太远，不好理解。但是在编程的过程中，抽象的概念可以被转换为看得见的、具体的图像。其次，编程能够强化数学能力。如果孩子想用代码建造“战舰”，那就要用到各种各样的数学知识，并且还要调用抽象思维的能力。由于编程语言中很多专业术语都是英文单词，通过编程学习还能强化孩子的英语能力。

编程能更好地培养孩子的计算和逻辑思维。编写程序，最重要的是如何把大问题分割成一个个简易的小问题，并逐个击破，化繁为简。在编程过程中，孩子们必须学会思考：如何将代码合理地安排在整个程序中，才能使程序更加流畅地处理输入—演算—输出，整个过程对孩子的计算、逻辑思维能力有大大的锻炼和提升。比如，孩子必须运用逻辑思维来判断应该先编写“战舰”哪一部分的代码，是先把“战舰”画出来，还是先让它运动？这个思维过程就可以强化他的逻辑思维能力。

编程能培养孩子的细心和专注力，以及自我纠错和想象的能力，如果在编写过程中错了一个代码，就会造成程序大乱。编程不仅能培养孩子严谨、认真的好习惯，也能培养孩子解决问题的能力，提高孩子的探索创新能力及团队合作能力。

少儿编程不是从小培养程序员，而是帮孩子从小养成一种编程思维，“学习编程的目的不是写代码，而是代码背后多样的发展空间和选择”。

目前已经出现的编程语言有成百上千种，但是编者还是推荐 Python。正如它的官网上描述的那样：Python 强大、快速，兼容性好，可移植，易学、友好、开放，语法近似于英语。总而言之，Python 是一门越来越流行的编程语言。

本书由同济大学浙江学院的曹阳波（嘉兴市人工智能编程协会会员）、广东外语外贸大学的李文月编著。若书中存在不足和疏漏之处，恳请读者批评指正。

本书配套教学课件和源代码，可先扫一扫封底刮刮卡内二维码，获得权限，再扫一扫下方二维码，即可下载。扫一扫书中二维码，即可观看教学视频。

编　者

2020 年 5 月

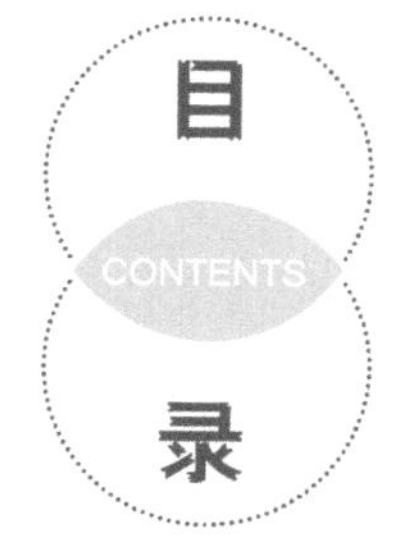
目
CONTENTS
录

第1章

初识Python

小朋友们好，我叫波波，我的爱好是看书、画画、学数学和编程。我喜欢用程序来解决学校和生活中的问题。我也喜欢交朋友，我喜欢和我的朋友讨论编程和科技。我的梦想是成为比尔·盖茨这样的编程高手。

1.1 为什么学编程

1.1.1 大话信息技术：从“狼烟”说起

波波打算从自己最喜欢的一首歌的歌词来开始这一部分的内容。

狼烟起，江山北望，龙旗卷，马长嘶，剑气如霜。

——节选自《精忠报国》歌词

传递信息是一件非常重要的事情。古时候，没有互联网，没有快递，更没有飞机、高铁、汽车等交通工具。为了快速传递信息，人们就发明了狼烟，用狼烟来传递战争情报等信息。狼烟燃烧产生的火与烟以光速来传递信息，所以速度非常快，但是会受到高山、大楼等障碍物的阻挡而不能继续传递下去，于是人们就发明了烽火台，烽火台一个接一个地燃烧狼烟，将消息很快地传递出去。再后来，古人发明了比较完善的邮驿制度，就像现在的邮局和快递公司，只不过那时候主要是靠马和马车来传递物件的。

自从有了互联网，人类传递信息就变得方便多了，把“发送”按钮按下去，对方立马就能收到你发送的消息，就像是当面讲给他听一样。可是你知道互联网的核心技术是什么吗？是编程。

1.1.2 如何学好编程

决定开始学习编程，就已经迈出了一大步，学习编程是一件值得骄傲的事情。波波结合自己一年多的学习经验告诉你，要想学好编程，其实很简单，只要做到以下 6 点。

(1) 大胆学习新知识，敢于尝试新想法，肯动手，勤动脑。

(2) 遇到问题不要着急，慢慢地、一步一步地排查，解决问题。

(3) 不要害怕困难，不要恐惧失败，学习就是解决一个又一个困难，战胜一个又一个难题，坚持不放弃。

(4) 解决问题后，要回顾自己学到了什么，还有哪些不足，举一反三。

(5) 将你所学的写出来和讲出来。

(6) 最难的是坚持不懈做简单的事情，希望你是一个有毅力、坚持不懈的孩子。

1.1.3 如何使用本书

本书的每一章都经过了精心安排，在此建议小朋友们从头开始按顺序阅读，完成每个练习。

编程语言的学习少不了动手上机编程实践。小朋友在阅读本书的同时，需要将本书的代码在自己的计算机上编写并运行。另外，希望大家能够大胆去尝试，改一改代码，看看修改后的效果，在实践中学习。希望大家能根据自己的创意和想象，编写出有趣的作品，帮助自己和身边的人解决问题。希望大家能坚持学习，享受编程的乐趣！

1.2 为什么学Python

Python简单易懂，有许多强大的库，功能非常强大，用途非常广泛，能应用于各行各业，特别是在数据处理、人工智能、机器学习领域表现异常卓越。同时，Python语法接近英语表达且标点符号偏少，适合初学者学习。

1.2.1 Python的诞生

Python英文翻译过来是大蟒蛇，这个霸气的意思是不是表现了Python的强大？Python的创始人是荷兰人吉多·范·罗苏姆（Guido van Rossum）。1989年圣诞节期间，在阿姆斯特丹，Guido为了打发圣诞节的无趣，决心开发一个新的脚本解释程序，作为ABC语言的一种继承。该编程语言的名字Python，是取自英国20世纪70年代首播的电视喜剧《蒙提·派森的飞行马戏团》(*Monty Python's Flying Circus*)。就这样，Python在Guido手中诞生了。

由于Python语言的简洁性、易读性以及可扩展性，在国外用Python做科学计算的研究机构日益增多，一些知名大学已经采用Python来教授程序设计课程。例如，卡内基-梅隆大学的编程基础、麻省理工学院的“计算机科学”及“编程导论”课程就使用Python语言讲授。众多开源的科学计算软件包都提供了Python的调用接口，例如著名的计算机视觉库OpenCV、三维可视化库VTK、医学图像处理库ITK等。今天，Python已经成为最受欢迎的程序设计语言之一。

1.2.2 下载和安装Python

Python的官网是www.python.org，可以直接从官网下载Python。这里只介绍在Windows系统下的安装方式。在苹果Mac OS系统下安装只需要下载相应版本并根据提示一步步安装即可。

在Windows系统下，进入https://www.python.org页面，选择Downloads，在弹出的菜单中选择Windows操作系统，再选择Python 3.x.y。本书选用的是Python 3.7.4。不

同的数字代表不同的 Python 版本。需选择 3 开头的版本，后面两位数字不重要，如图 1-1 所示。

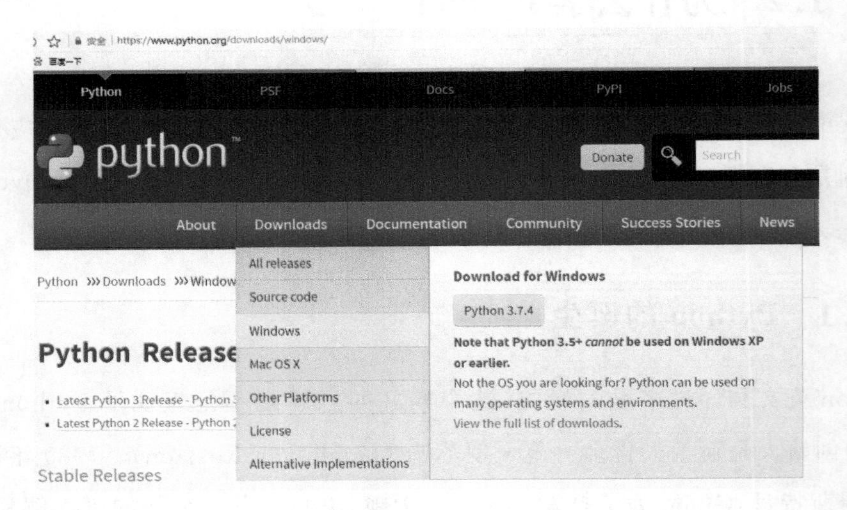

图 1-1　Python 官网下载

下载好后打开安装文件，选择 Install Now 命令，根据提示安装。记住要勾选 Add Python 3.7 to PATH 复选框，如图 1-2 所示。安装好后，打开 Windows 的“开始”菜单，找到 IDLE 程序。打开 IDLE 后，会弹出 Python 的 Shell 窗口，如图 1-3 所示。准备就绪，接下来就可以开启编程之旅了。

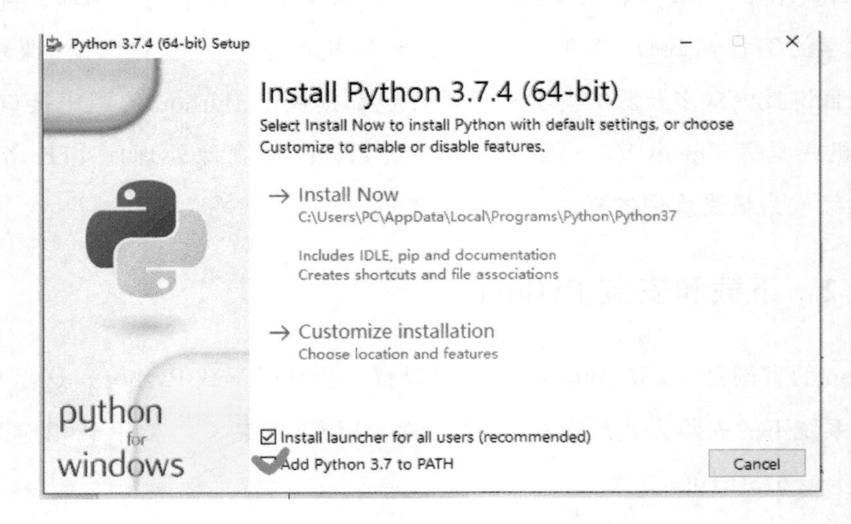

图 1-2　在 Windows 系统下安装 Python

```
Python 3.7.4 Shell
File Edit Shell Debug Options Window Help
Python 3.7.4 (tags/v3.7.4:e09359112e, Jul  8 2019, 20:34:20) [MSC v.1916 64 bit
(AMD64)] on win32
Type "help", "copyright", "credits" or "license()" for more information.
>>> |
                                                              Ln: 3  Col: 4
```

图 1-3 Python 的 Shell 窗口

1.3 逛一逛 Python 大观园——Python 编程环境

1.3.1 启动 IDLE 软件

集成开发环境(Integrated Development Environment,IDE),简单来说就是运行和调试程序代码的软件。IDLE 是 Python 自带的简洁的集成开发环境。IDLE 是开发 Python 程序的基本集成开发环境,具备基本的 IDE 功能,是非商业 Python 开发的不错的选择。当安装好 Python 以后,IDLE 就自动安装好了,不需要另外去找。可以选择"开始"→"所有程序"→Python 3.7→IDLE(Python GUI)命令来启动 IDLE。IDLE 启动后的初始窗口如图 1-3 所示,可以在 IDLE 内部执行 Python 命令。IDLE 提供了两种编程模式:一种是 Shell 交互模式,类似于 Linux 的命令行;另一种是文件编辑器模式。

1.3.2 在 Python Shell 交互模式下写代码

Python Shell 即原生的 Python 交互环境,可以让人们以交互模式使用 Python 解释器。这种模式在测试代码或尝试新库时非常有用。例如,在 Shell 窗口的三个箭头后输入指令 5+8,按回车键,Python 自动计算出答案 13,如图 1-4 所示。

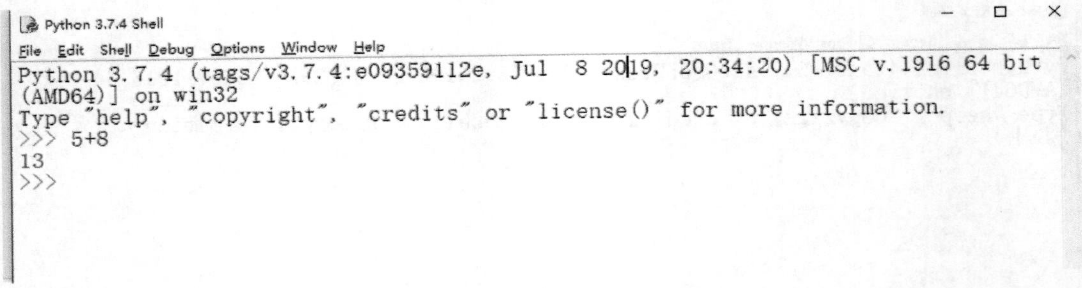

```
Python 3.7.4 Shell
File Edit Shell Debug Options Window Help
Python 3.7.4 (tags/v3.7.4:e09359112e, Jul  8 2019, 20:34:20) [MSC v.1916 64 bit
(AMD64)] on win32
Type "help", "copyright", "credits" or "license()" for more information.
>>> 5+8
13
>>>
```

图 1-4　在 Shell 模式下编程

再尝试一下输入文字，如在 Shell 窗口里输入以下语句：

```
print("你好,编程")
```

“你好，编程”这句话就会被输出到屏幕上，如图 1-5 所示。print()是 Python 的输出函数，表示要输出括号里的内容，在后面的学习中会经常使用 print()输出内容到计算机屏幕上。

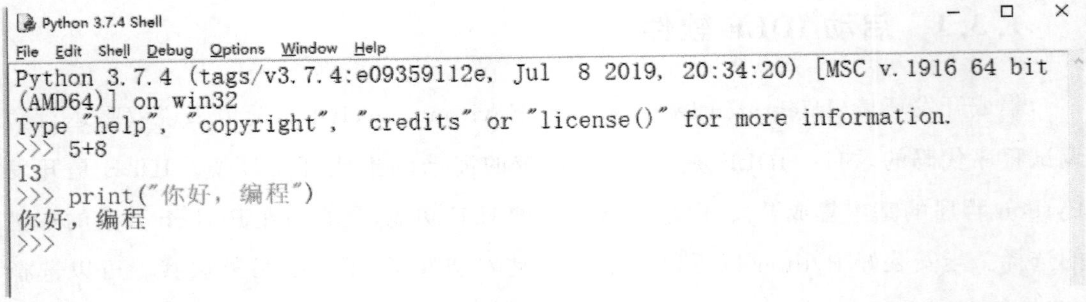

```
Python 3.7.4 Shell
File Edit Shell Debug Options Window Help
Python 3.7.4 (tags/v3.7.4:e09359112e, Jul  8 2019, 20:34:20) [MSC v.1916 64 bit
(AMD64)] on win32
Type "help", "copyright", "credits" or "license()" for more information.
>>> 5+8
13
>>> print("你好, 编程")
你好, 编程
>>>
```

图 1-5　在 Shell 模式下输出“你好，编程”

1.3.3　使用编辑器编写 Python 代码

如果需要修改和存储代码，这时就要使用功能更强大的编辑器。在 Shell 模式下，单击左上角菜单项 File，选择 New File 选项，一个空白的编辑器窗口就打开了。在编辑器里输入如下语句。

```
print("西游记真好看")
```

输入完成后单击 File 菜单，选择 Save As 选项，给编写的文件取个名字，比如“孙悟空”，找到想要保存的文件夹位置，比如“桌面”，选择“保存”即可。完成后一个名为“孙悟空.py”的 Python 文件就保存在了计算机桌面上。完成后，该文件标题变成了“孙悟空.py”，后面是这个文件的地址，如图 1-6 所示。

```
孙悟空.py - C:/Users/Think/Desktop/孙悟空.py (3.7.4)
File  Edit  Format  Run  Options  Window  Help
print("西游记真好看")
```

图 1-6 在 Python 的编辑器里编写程序

1.3.4 用函数 help()来获取更多帮助

如果需要了解 Python 自带的某个函数或语句的信息，可以使用 Python 的 help 功能。例如，在 Shell 模式下输入 help('print')，然后按回车键，会得到如下所示的帮助信息。类似地，你可以获取 Python 中几乎所有东西的信息。使用 help()去学习 Python 更多内容吧！

```
Python 3.7.4 (tags/v3.7.4:e09359112e, Jul 8 2019, 20:34:20) [MSC v.1916 64 bit
(AMD64)] on win32
Type "help", "copyright", "credits" or "license()" for more information.
>>> help('print')
Help on built-in function print in module builtins:

print(...)
    print(value, ..., sep=' ', end='\n', file=sys.stdout, flush=False)

    Prints the values to a stream, or to sys.stdout by default.
    Optional keyword arguments:
    file: a file-like object (stream); defaults to the current sys.stdout.
    sep: string inserted between values, default a space.
    end: string appended after the last value, default a newline.
    flush: whether to forcibly flush the stream.

>>>
```

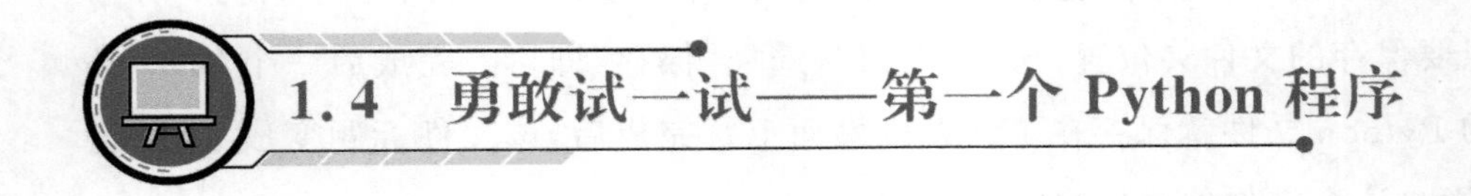

1.4 勇敢试一试——第一个 Python 程序

1.4.1 第一个 Python 程序——输出一首古诗

打开 IDLE 的编辑器，在编辑器里，选择 File→New File 命令，用 print()函数输入如下语句。

```
print("相思")
print("唐·王维")
print("红豆生南国")
print("春来发几枝")
print("愿君多采撷")
print("此物最相思")
```

输好之后，保存到想要保存的文件夹位置，建议建立一个 Python 程序文件夹专门来存放 Python 程序。同时给所写的文件取一个好记的名字，这些工作都完成后，选择 Run→Run Module 命令，即可看到程序运行结果，如图 1-7 所示。

```
Python 3.7.4 Shell
File  Edit  Shell  Debug  Options  Window  Help
Python 3.7.4 (tags/v3.7.4:e09359112e, Jul  8 2019, 20:34:20) [MSC v.1916 64 bit
(AMD64)] on win32
Type "help", "copyright", "credits" or "license()" for more information.
>>>
================ RESTART: C:/Users/PC/Desktop/第一个python程序.py ==============
==
   相思
 唐·王维
红豆生南国
春来发几枝
愿君多采撷
此物最相思
>>> |
```

图 1-7　古诗程序运行结果

1.4.2 Python 说明书——程序的注释

当人们购买一个物品时候，一般都会有一个说明书，介绍怎么使用这个物品。写程序也一样,需要对程序进行说明,方便自己或者别人阅读和修改程序。程序的说明书叫注释,每一种计算机编程语言都有自己的注释方式,Python 中单行注释以 # 开头,代码如下所示,# 号之后的内容不会输出。

```
print(" 相思")        #输出古诗的标题
print(" 唐·王维")     #输出古诗的朝代和作者
print("红豆生南国")   #输出古诗的第一句
print("春来发几枝")   #输出古诗的第二句
print("愿君多采撷")   #输出古诗的第三句
print("此物最相思")   #输出古诗的第四句
```

1.4.3 让 Python 保持队形

Python 使用缩进来表示代码的结构,缩进的空格数是可变的,但是同一个代码块的语句必须包含相同的缩进空格数。例如,if 语句默认缩进是四个空格(一个 Tab 键距离),代码如下。

```
x = 1
if x == 1:
    print("西游记真好看")
else :
    print("孙悟空")
```

对于 if 语句,只缩进一个空格也是可以的,但是最好 else 语句也只缩进一个空格,这样可保持一致,方便阅读和修改程序。代码如下。

```
x = 1
if x == 1:
  print("西游记真好看")
else :
  print("孙悟空")
```

1.5　需要掌握的单词

file　文件

save　保存

help　帮助

run　运行

module　模块

configure　配置

1.6　动动脑

(1) 用 Python 编程输出如图 1-8 所示图案。

```
*******
 *****
  ***
   *
```

图 1-8　图案

(2) 用 Python 编程输出文字："波波是个聪明的孩子，爱创新，爱思考，爱交朋友。"

第2章

和计算机聊天

有志者自有千计万计，无志者只感千难万难。

妈妈给波波买了一台计算机，波波早就听说过计算机的厉害了。波波想：要是能和厉害的计算机聊天就好了，这样我就不会孤单了……

2.1 展示执行结果——输出

print()函数

波波打开 Python 的 IDLE 软件，选择 File→New File 命令，打开一个新的编辑窗口，输入如下代码。

```
#in.py
print("=======你最喜欢的蛋糕=======")
print("#       巧克力杏仁蛋糕       #")
print("#          提拉米苏          #")
print("#          黑森林蛋糕         #")
print("#           撒哈蛋糕          #")
print("=============================")
```

选择 File→Save 命令，把代码保存为 in.py 文件，然后选择 Run→Run Module 命令，程序运行结果如图 2-1 所示。

```
Python 3.7.4 Shell
File Edit Shell Debug Options Window Help
Python 3.7.4 (tags/v3.7.4:e09359112e, Jul  8 2019, 20:34:20) [MSC v.1916 64 bit
(AMD64)] on win32
Type "help", "copyright", "credits" or "license()" for more information.
>>>
=============== RESTART: C:/Users/Administrator/Desktop/in.py ===============
=======你最喜欢的蛋糕=======
#       巧克力杏仁蛋糕       #
#          提拉米苏          #
#          黑森林蛋糕         #
#           撒哈蛋糕          #
=============================
>>> |
```

图 2-1 程序运行结果

只要仔细地使用空格和符号，就可以使用 print()在计算机屏幕上展示出漂亮的图样。把计算机里的信息展示给人看叫作“输出”，反过来，从人们那里获得信息，放到程序中去，就叫作“输入”。Python 中已经有事先设计好的输入和输出函数，例如 print()就是一个常用的输出函数。

术语词典：函数，就是一小段已经写好的程序，可以通过函数的名字直接使用它。

2.2 告诉计算机你的请求——输入

input()函数

波波制作了漂亮的展示牌，更多的顾客想要来看看。他们想要自己从键盘输入内容,看看自己喜欢的蛋糕会不会出现在展示牌上。波波想到了 Python 提供的输入函数:input()。新建一个程序文件 out.py,输入如下代码。

```
#out.py
yourCake = input("请输入你最喜爱的蛋糕名字:")
print(yourCake)
```

该程序运行之后,首先出现一行提示文字——“请输入你最喜爱的蛋糕名字:”,并且后面有一个闪烁的光标。这个闪烁的光标叫作输入提示符,表示等待用户输入信息。从键盘输入蛋糕名称后按回车键,显示结果如图 2-2 所示。

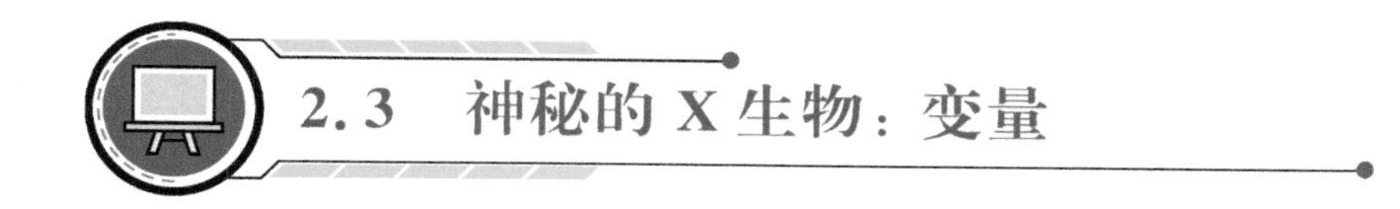
```
=============== RESTART: C:/Users/Administrator/Desktop/out.py ===============
请输入你最喜爱的蛋糕名字:提拉米苏
提拉米苏
>>> |
```

图 2-2 使用 input()函数接受输入

在上述代码中,input()函数括号中加双引号的文字为输入提示信息,会显示在输入提示符的前面。

2.3 神秘的 X 生物:变量

波波上周去逛动物园时,发现动物园里新开辟了一块空间,里面还没有住进动物。于是大伙儿开始猜测:“这么大一块草地,应该养猴子吧?”“不对不对,可能养兔子!”“说不定是长颈鹿!”“我们先给这里起个名字吧!”波波提议:“就叫 X 生物吧。”

2.3.1 变量:保存内容的地方

变量(variable)是在程序运行的时候能随着程序需要而改变内容的量。当 Python “记住”某些内容的时候,它会将这些信息存储在计算机的内存中。变量就像一个盒子,把数据存储在里面。我们可以新建一个盒子存储数据,可以改变里面的数据,也可以提取里面的数据使用。变量名是指这个盒子上的标签。变量值是指这个盒子里面的内容。

来看看下面这个例子。

- 变量 money 代表钱包，变量值 10 代表钱包中有 10 元人民币。
- 变量 card 代表银行卡，变量值 1000 代表银行卡中有 1000 元。

用这两个变量记录如表 2-1 所示的操作。

表 2-1　变量示例

操　作	钱　包	银 行 卡
钱包 10 元，银行卡 1000 元	money＝10	card＝1000
从银行卡取 500 元钱放入钱包中	money＝money＋500	card＝card－500
买礼物，花费 488 元	money＝money－488	
输出还剩多少钱	print(money)→22	print(card)→500

通过变量名 money 或者变量名 card 可以找到相应的值。

注意，money＝money＋500 可能对初学者来讲十分别扭，因为这个算式在数学里是不成立的。但是此等号非彼等号，并不表示左边等于右边。在 Python 里，等号是赋值运算符，意思是将右边的值赋予左边的变量。遇到赋值运算符时，应该先计算出赋值运算符右边的值，再将它赋予左边的变量，先右后左，2.3.3 节也会专门讲变量的赋值。

了解了变量是什么后，可以思考为什么要用变量。有以下几个原因。

- 人们想要在程序中存储数据，例如，得分、时间、血量等。
- 方便程序编写和修改，例如，使用变量名代替程序中出现的值，在修改程序时只需要修改一次。
- 提高程序的运行效率。

2.3.2　变量名和取名规则

变量名就是变量的名字，一般使用有意义的单词命名。这有什么好处呢？

变量名有意义，有助于人们读程序。例如，变量 a 与变量 name 相比，通过 name 人们可以推测它可能用来存储一个代表名字的字符串。

术语词典：字符串(String)由一连串的字符组成，详见 3.1.2 节。

波波发现，自己不经意间就创建了无数的变量，唯一伤脑筋的大概就是给每个变量起名字。在 Python 中给变量命名必须遵守以下 4 项规则。

(1) 可由数字、下画线(_)、英文字母组成，Python 3 中还允许使用汉字。

（2）第一个字符只能是字母或者下画线，Python 3 中允许以汉字开头。

（3）区分大小写，也就是说使用大写字母的名字和使用小写字母的名字是不同的名字。

（4）不能使用 Python 关键字作为变量名。图 2-3 给出了不能作为变量名的关键字。

```
>>> help("keywords")#查看关键字，下面这些关键字都不能作为变量名

Here is a list of the Python keywords.  Enter any keyword to get more help.

False               class               from                or
None                continue            global              pass
True                def                 if                  raise
and                 del                 import              return
as                  elif                in                  try
assert              else                is                  while
async               except              lambda              with
await               finally             nonlocal            yield
break               for                 not
```

图 2-3　Python 关键字

这么多的规则，波波觉得一时半会儿也记不住。不过没关系，因为 Python 可轻而易举地检查出违反这些规则的错误命名并给出红色警告。

但是也不要养成乱起名字的坏习惯，动动脑筋给变量起一个有意义的名字，这可以帮助人们记忆和使用变量。当程序变得很长、很复杂时，给变量起一个有意义的名字可以大大提高编程效率。因为谁都不想爸爸妈妈为了图省事，给孩子们随便起个 a1 或者 x 这样毫无意义的名字吧！

2.3.3　变量赋值

在 Python 中，和其他大多数编程语言一样，使用等号（=）给一个变量赋值。像 x=7 这样的赋值操作，告诉计算机记住数字 7，并且在对变量 x 重新赋值之前使用 x，都将会返回 7。在 IDLE 的 Shell 模式下输入如下代码。

```
>>> x = 123
>>> type(x)
<class 'int'>
>>> x = 3.14
>>> type(x)
```

```
<class 'float'>
>>> x = '斑马'
>>> type(x)
<class 'str'>
```

看到了吗？赋值就这么简单。赋值号的左边是变量名，右边是某种类型的数据。赋值后，变量里面就存放了这种类型的数据。从上面的代码还可以发现以下两点。

- 变量的类型由赋给它的数据类型决定。可以使用 type()函数来检验变量类型。
- 变量之所以叫作“变量”，就是因为它可以被反复赋值，后赋的值会覆盖先前赋的值。

2.4 需要掌握的单词

print　打印，输出

input　输入

error　错误

2.5 动动脑

（1）在下面的设备中，（　　）属于计算机的输入设备。

A. 显示器　　B. 绘图仪　　C. 打印机　　D. 鼠标

（2）阅读以下程序，将运行结果写在横线上。

```
print("窗前明月光",end = ",")
print("疑是地上霜")
```

输出：＿＿＿＿＿＿＿＿

（3）阅读以下程序，将运行结果写在横线上。

```
name = input("请输入你的名字:")
age = input("请输入你的年龄:")
print("我叫",name,",今年",age,"岁.")
```

输入：波波→按回车键→13

输出：________________

第3章

形形色色的数据——数据类型

夫学须静也，才须学也。非学无以广才，非志无以成学。

——诸葛亮

波波暑假后就是一名中学生了，今天爸爸妈妈带他去参观了他未来的学校，波波好开心啊！波波的学校人很多，有学生、老师、保安、保洁以及厨师等。妈妈跟他说："这些人都工作在不同的地方，担任不同的岗位，就像Python的数据有不同的数据类型一样。""啊？"波波听得云里雾里，就跑去问爸爸："爸爸，什么是Python的数据类型啊？"

3.1 老师和学生——标准数据类型

爸爸："你看你们学校有担任不同角色的人员吧，在Python的世界里数据也是有角色分工的，不同类型的数据具有不同的属性，占用不同的存储空间。就像老师和学生是学校的标准配置一样，Python也有自己的标准配置——标准数据类型。"

3.1.1 数值类型

Python 的数值类型数据有整数(int)、浮点数(float)。

1. 整数

Python 3.X 之后的整数只有 int 型,Python 的数值处理能力很强大,只要 CPU 能支持,再大的整数都可以处理。整数包括正整数和负整数,可以由十进制、二进制、八进制以及十六进制[①]来表示,表示时需要在数字之前分别加上 0b、0o、0x 来指定进制。

2. 浮点数

带有小数点的数值为浮点数,也就是小学数学课里教的小数。浮点数一般用小数点表示,还可以用科学记数法的格式来表示。32.9、−56.7、45.0、6.7e4(e 代表科学记数法的 10,便于区别,所以这个式子表示的是 6.7×10^4,也就是 67 000)等都是合法的浮点数表示方式。

3.1.2 字符串

字符串(String)由一连串的字符组成,表示方法是:一组用英文输入法下的双引号("")或单引号(')包起来的字符,例如"你好"、"123"、'123'等。它支持多种语言,如图 3-1 所示。

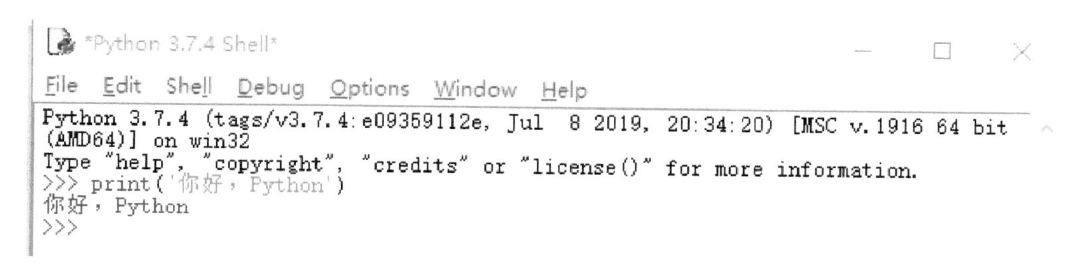

图 3-1 Python 输出字符串

波波能对字符串做些什么呢?他又开始敲代码了……

(1) 截取:Python 中的字符串可以使用方括号([])来截取,代码及运行结果如下。

① 二进制、八进制以及十六进制是计算机里面常用的记数方式,第 10 章将专门讲解。

```
>>> str = '宝宝,跟我一起来看看能对字符串做些什么吧!'
>>> str[0:3] # 截取字符串元素
'宝宝,'
>>> str[2:5]
',跟我'
>>> str[9:13]
'看能对字'
>>>
```

波波边敲代码边解释此处需要注意两点。

- 字符串的字符从 0 开始编号。例如 str[0]表示第 1 个字符,str[5]表示第 6 个字符。
- 方括号中的数字表示截取的字符范围。例如 0∶3 表示截取从第 1 个字符开始到第 4 个字符之前的所有字符。

(2) 拼接：字符串可以像拼图一样进行拼接,只是此处需要使用加号(+),代码及运行结果如下。

```
>>> str = '你好'
>>> str = str + ',Python'
>>> str
'你好,Python'
>>>
```

“哇,真的耶！好神奇的 Python。”波波高呼道。爸爸微笑着说：“还有更神奇的呢,走着瞧吧……”

3.1.3 布尔值

布尔值只有真假值 True 和 False,或是 1 和 0。1 代表 True,0 代表 False。布尔表达式,或者说条件表达式,是一种重要的编程工具。表达式可以是变量、值或者其他的表达式。表 3-1 中的值都被计算机视为 False,其他的视为 True。口说无凭,还是让代码来证明吧,运行结果如图 3-2 所示。

表 3-1 常见的被计算机当作 False 的情况

False	备 注
0	数字 0
“”	空字符串
None	None
[]	空列表
()	空元组
{}	空字典

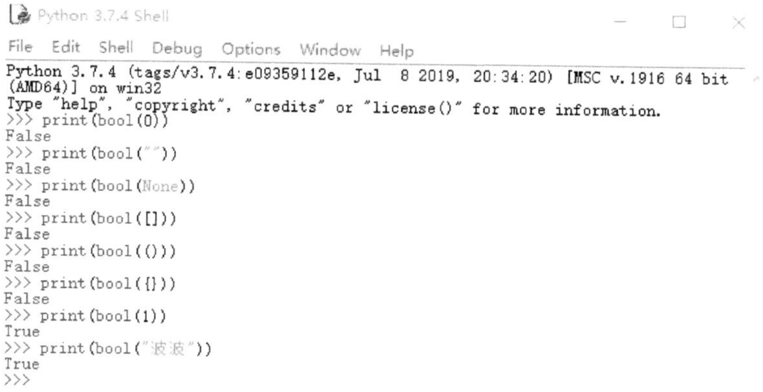

```
Python 3.7.4 Shell
File Edit Shell Debug Options Window Help
Python 3.7.4 (tags/v3.7.4:e09359112e, Jul  8 2019, 20:34:20) [MSC v.1916 64 bit
(AMD64)] on win32
Type "help", "copyright", "credits" or "license()" for more information.
>>> print(bool(0))
False
>>> print(bool(""))
False
>>> print(bool(None))
False
>>> print(bool([]))
False
>>> print(bool(()))
False
>>> print(bool({}))
False
>>> print(bool(1))
True
>>> print(bool("波波"))
True
>>>
```

图 3-2 布尔值输出

3.1.4 列表

1. 指定购物列表

周末妈妈要带波波去超市购物了，为此要建立购买物品列表。这个工作就交给 Python 来做吧，代码如下。

```
蔬菜 = ['茄子','豆角']
水果 = ['苹果','西瓜']
日用品 = ['牙刷','毛巾']
所有物品 = [蔬菜,水果,日用品]
print("购物清单：",所有物品)
```

运行结果如图 3-3 所示。

```
Python 3.7.4 Shell
File Edit Shell Debug Options Window Help
Python 3.7.4 (tags/v3.7.4:e09359112e, Jul  8 2019, 20:34:20) [MSC v.1916 64 bit
(AMD64)] on win32
Type "help", "copyright", "credits" or "license()" for more information.
>>>
======== RESTART: C:/Users/Administrator/Desktop/python编书/第3章/3-7.py =======
=
购物清单： [['茄子', '豆角'], ['苹果', '西瓜'], ['牙刷', '毛巾']]
>>>
```

图 3-3　输出妈妈的购物清单

此例子中用方括号([])括起来的数据类型叫作列表(List)。列表是一种很常见的数据类型,其中可以存放多个元素,元素之间用逗号(,)隔开。元素可以是任意类型,如列表中的元素可以是其他列表。在此例中使用“print(列表名)”可以输出整个列表,但很多情况下只需要输出列表中的某个元素,此时该怎么办呢？这时就该用到列表的索引了,下面我们来聊聊列表索引那些事。

列表索引,是为列表中的每个元素分配的一个序号,表示元素在列表中的位置。索引从 0 开始,即第一个元素的索引是 0,第二个元素的索引是 1……下面通过代码来演示怎样通过索引访问列表元素,代码及运行结果如下。

```
>>>蔬菜 = ['茄子','豆角']
>>>水果 = ['苹果','西瓜']
>>>日用品 = ['牙刷','毛巾']
>>>所有物品 = [蔬菜,水果,日用品]
>>>蔬菜[0] #蔬菜列表的第 1 个元素
'茄子'
>>>蔬菜[1] #蔬菜列表的第 2 个元素
'豆角'
>>>所有物品[1:3]
[['苹果', '西瓜'], ['牙刷', '毛巾']]
>>>所有物品[0][1]
'豆角'
```

不知道大家有没有注意到“所有物品”列表的特殊之处。该列表的每个元素都是一个列表,要访问这个列表需要指明两个索引,先指明子列表,再指明子列表元素的位置。

2. 了解购物列表

购物列表存放了要购买物品的信息,要想对自己的购物列表了如指掌,可以借助

Python 提供的内部函数。我们通过一些简短的代码来熟悉这个过程，代码及运行结果如下。

```
>>>蔬菜 = ['茄子','豆角']
>>>水果 = ['苹果','西瓜']
>>>日用品 = ['牙刷','毛巾']
>>>所有物品 = [蔬菜,水果,日用品]
>>> len(蔬菜) #返回列表元素个数
2
>>> len(所有物品)
3
>>> max(水果)#返回列表元素的最大值
'西瓜'
>>> min(水果)#返回列表元素的最小值
'苹果'
>>> list('各位宝宝好!')#将序列转换为列表
['各', '位', '宝', '宝', '好', '!']
```

除了以上操作，列表还可以进行运算，代码及运行结果如下。

```
>>> [1,2] + [3]
[1, 2, 3]
>>> [2,3] * 4
[2, 3, 2, 3, 2, 3, 2, 3]
>>> 2 in [2,3,4]      #判断元素是否存在列表中
True
>>> '2' in [2,3,4]    #判断元素是否存在列表中
False
```

3. 修改购物列表

波波和妈妈刚要出门，突然想到家里的笔记本用完了，需要加入购物列表中。波波和妈妈又赶紧修改列表，代码及运行结果如下。

```
>>>日用品 = ['牙刷','毛巾']
>>>日用品.append('笔记本')
>>>日用品
```

```
['牙刷', '毛巾', '笔记本']
>>>
```

好神奇啊，通过append()函数可以在列表的末尾添加元素(列表名.append(元素名))。妈妈说除了该函数，列表还有很多实用的函数，后面用到再教给波波。

3.1.5 元组

元组(tuple)与列表类似，不同之处在于元组的元素一旦定义好之后不能修改。元组写在圆括号()里，元素之间用逗号隔开。若想通过元组来构建购物清单，都有哪些方法呢？一起来试试吧，代码及运行结果如下。

```
>>>水果清单 = ('苹果','橘子','芒果')
>>> print(水果清单)
('苹果', '橘子', '芒果')
>>>蔬菜清单 = '茄子','豆角','黄瓜'
>>> print(蔬菜清单)
('茄子', '豆角', '黄瓜')
>>>
```

原来创建元组有两种方式，一种是用圆括号()来创建，另一种是用逗号(,)来创建。元组创建之后若想访问该怎样做呢？同样可以使用方括号[]加索引的方式来访问，元组的索引也是从0开始依序排列的，例如：

```
>>>水果清单 = ('苹果','橘子','芒果')
>>>水果清单[0]
'苹果'
>>>水果清单[2]
'芒果'
>>>
```

元组是不可变对象，不能对元组中的元素进行修改，所以用元组创建的购物清单一旦确定将无法修改。

3.1.6　字典

字典(dictionary)是 Python 中另一个非常有用的内置数据类型。

1. 创建花名册

列表是有序的对象集合,字典是无序的对象集合。两者之间的区别在于:字典当中的元素是通过“键”来存取的,而不是通过偏移存取。字典是一种映射类型,用{ }标识,它是一个无序的“键(key):值(value)”的集合。

键(key)必须使用不可变类型,而值(value)则没有限制,可以是数字、字符串、列表、元组等,数据之间以逗号(,)隔开,例如:

```
>>>花名册 = {'姓名':'波波','性别':'男','爱好':'编程'}
>>>花名册
{'姓名': '波波', '性别': '男', '爱好': '编程'}
>>>花名册['姓名']#通过键(key)来访问键对应的值(value)
'波波'
>>>
```

在同一个字典中,键(key)必须是唯一的。

2. 修改花名册

波波想在上面的花名册里再增加一项“喜欢的城市”,怎么才能实现呢?没关系,有 Python 来帮忙,一切显得那么简单,真不是吹牛啊,不信咱就试试看!代码及运行结果如下。

```
>>>花名册 = {'姓名':'波波','性别':'男','爱好':'编程'}
>>>花名册.update(喜欢的城市 = '北京') #增加喜欢的城市项
>>>花名册
{'姓名': '波波', '性别': '男', '爱好': '编程', '喜欢的城市': '北京'}
>>>花名册.pop('性别')#波波想性别保密,于是删除性别项
'男'
>>>花名册#果真没有性别了
{'姓名': '波波', '爱好': '编程', '喜欢的城市': '北京'}
>>>复制花名册 = 花名册.copy() #复制一份以防丢失
>>>复制花名册
```

```
{'姓名': '波波', '爱好': '编程', '喜欢的城市': '北京'}
>>>花名册.clear() # 清空花名册
>>>花名册 # 清空后的效果
{}
>>>
```

上述编程和运行过程给大家展示了新增字典项、删除字典项、复制备份花名册以及清空花名册，Python 是不是非常厉害呀，简直无所不能！

3.2 控制数据的工具——运算符

波波的数学作业做完了，想找爸爸妈妈帮忙检查一下，结果他们说要教一种自己检查作业的方法。波波不满地望着爸爸妈妈，心想："不想帮忙就直说嘛，别要花样啊！"妈妈好像看出了波波的小心思，安慰道："波波先别生气，爸爸妈妈真没骗你，借助 Python 的运算符你真的可以！"

3.2.1 算术运算符

要检查自己的作业首先要熟悉算术运算符，如表 3-2 所示。

表 3-2 算术运算符

运算符	范例	备注
+	a+b	返回 a 与 b 的和
-	a-b	返回 a 与 b 的差
*	a * b	返回 a 与 b 的乘积
/	a/b	返回 a 除以 b 的值
%	a%b	返回 a 除以 b 的余数
**	a ** b	返回 a 的 b 次幂
//	a//b	向下取接近 a 除以 b 的整数

波波带着大家在 Shell 模式下体验一下表 3-2 的算术运算符吧，代码及运行结果如下所示。

```
>>> 3 + 4
7
>>> 52.5 - 34
18.5
>>> 2 * 3
6
>>> 2/3
0.6666666666666666
>>> 2 ** 3#3 个 2 连乘
8
>>> 123 % 10
3
>>> 60//9#60 除以 9 约等于 6.67,向下取整为 6
6
>>>
```

妈妈说会使用上述算术运算符，波波就可以自己检查自己的数学作业了，真棒！

3.2.2 关系运算符

请问各位小伙伴你最大的烦恼是什么？波波最大的烦恼就是妈妈总是将他与别人家的孩子比较。妈妈总习惯说："你看某阿姨家的某某在哪些方面比你强多了……"波波心里苦啊，因为波波不服，波波认为妈妈很多比较是不对的。

波波打算借助表 3-3 中的关系运算符来证明妈妈的判断有些是不对的，波波要为自己平反！

表 3-3 关系运算符

运算符	范例	备注
==	a==b	比较 a 是否等于 b
!=	a!=b	比较 a 是否不等于 b
>	a>b	比较 a 是否大于 b
<	a<b	比较 a 是否小于 b
>=	a>=b	比较 a 是否大于或等于 b
<=	a<=b	比较 a 是否小于或等于 b

注意：关系运算符的结果只有两种，True(真)和 False(假)。

妈妈说："张阿姨家的美美数学成绩比你好哟。"

对此波波有话要说，代码及运行结果如下。

```
>>>美美数学成绩 = 89
>>>波波数学成绩 = 91
>>>美美数学成绩>波波数学成绩
False
>>>波波数学成绩>美美数学成绩
True
>>>
```

带着证据，波波跟妈妈说："妈妈，是你搞错了，美美的数学成绩没有我好，是我比她好。"铁证在此，妈妈终于承认是自己弄错了。

3.2.3 赋值运算符

刚把老妈搞定，波波正得意呢，小表弟又跑来捣乱，拿着代码看来看去，最后终于开口了："波波哥哥，你这一会儿'＝'，一会儿又是'＝＝'，看的我好糊涂啊！"波波骄傲地说："小屁孩儿是，这你就不懂了吧，'＝＝'才是我们常说的等于，而'＝'在 Python 中是另一种运算符，叫作赋值运算符，用于将右边的值赋给左边的变量，当然，赋值运算符还不止这些……"

赋值运算符结合算术运算符，可以产生若干算术赋值运算符，如表 3-4 所示。

表 3-4　赋值运算符

运算符	范例	备注
＝	a＝b	将 b 的值赋给 a
＋＝	a＋＝b	相加并赋值，a＝a＋b
－＝	a－＝b	相减并赋值，a＝a－b
＊＝	a＊＝b	相乘并赋值，a＝a＊b
＊＊＝	a＊＊＝b	乘幂并赋值，a＝a＊＊b
/＝	a/＝b	相除并赋值，a＝a/b
//＝	a//＝b	整数相除并赋值，a＝a//b
％＝	a％＝b	求余并赋值，a＝a％b

小表弟似懂非懂地望着波波，拉着波波的胳膊让他演示一下具体用法。好吧，代码及运行结果如下。

```
>>> a = 1
>>> b = 2
>>> print(a,b)
1 2
>>> a += b     #a = a + b
>>> print(a,b)
3 2
>>> a *= b     #a = a * b
>>> print(a,b)
6 2
>>>
```

“弟弟啊，其实在计算机中，赋值运算只是一瞬间的事。”波波也不知道小表弟听没听懂。

3.2.4　逻辑运算符

小表弟没有再问波波问题，但是波波自己的问题又来了：“数值类型的数据可以做算术和比较运算，那布尔型的数据可以做什么运算呢？”波波百思不得其解，这次找老爸来帮忙。老爸说：“布尔型的数据也是可以做某种运算的——逻辑运算。”Python 中有三种逻辑运算符，如表 3-5 所示。

表 3-5　逻辑运算符

运算符	范例	备注
and	a and b	当 a 为 True 或非 0 值时，表达式的结果为 b；当 a 为 False 或 0 时，表达式结果为 False 或 0。
or	a or b	当 a 为 True 或非 0 值时，表达式的结果为 a；当 a 为 False 或 0 时，表达式结果为 b。
not	not a	如果 a 为 False，则表达式的结果为 True；如果 a 为 True，则表达式的结果为 False

波波给大家用 Python 验证一下表 3-5。在 Shell 环境下，波波写的代码及运行结果如下。

```
>>> bool(1 and 0)   # and 逻辑运算符,只要有一边为 0(假,False)则结果为 0
0
>>> bool(2 and 1)
1
>>> bool(1 or 0)
1
>>> bool(0 or 0)# or 逻辑运算符,只有两边都为 0(假,False),结果才为 0
0
>>> not 2# not 是真假交换,也就是说 not 非零结果为 False
False
>>> not 0# not 是真假交换,也就是说 not 零结果为 True
True
>>>
```

3.3 需要掌握的单词

list 列表

string 字符串

tuple 元组

dictionary 字典

key 键,钥匙

value 值

true 真的

false 假的

3.4 动动脑

(1) 在 Python 中,int 表示的数据类型是________。

(2) 已知 x=3,那么执行语句 x+=6 之后,x 的值为________。

(3) 已知 x=3,那么执行语句 x*=6 之后,x 的值为________。

(4) 字典中多个元素之间使用________分隔开,每个元素的“键”与“值”之间使用________分隔开。

(5) 表达式 3 or 5 的值为________。

(6) 表达式 0 or 5 的值为________。

(7) 表达式 3 and 5 的值为________。

(8) 表达式 3 ** 2 的值为________。

(9) 表达式 3 * 2 的值为________。

(10) Python 中用于表示逻辑与、逻辑或、逻辑非运算的关键字分别是________、________和________。

第4章

学会做选择——条件语句

选择就像是人位于一个岔路口，走哪条路都要靠他自己的决策。命运不是机遇，而是选择。

——阿尔文·普兰丁格

“炎炎夏日，何以解忧，唯有冰激凌和冷饮也！”波波肚子里的馋虫又开始寻寻觅觅了……

4.1 如果选A会怎样——if语句

同时跟妈妈说要吃冰激凌和冷饮她肯定不会同意，所以得讲究策略。

波波：“妈妈，我想吃冰激凌。”

妈妈：“你大名叫编程霸，如果你能写出自己名字里的第一个字，我就买冰激凌给你吃。”

波波吃个冰激凌妈妈都要提条件，波波心里的苦儿人能懂啊？也许善解人意的 Python 能懂，波波的伤心事只能说给它听了，代码如下。

```
波波能写第一个字 = input('波波你能写名字里的第一个字吗?(Y 表示能写,N 表示不能写): ')
if 波波能写第一个字 == 'Y':
    print('波波能写第一个字,给他买冰激凌吧!')
if 波波能写第一个字 == 'N':
    print('第一个字都不会写,还吃什么冰激凌!')
```

运行结果如图 4-1 所示。

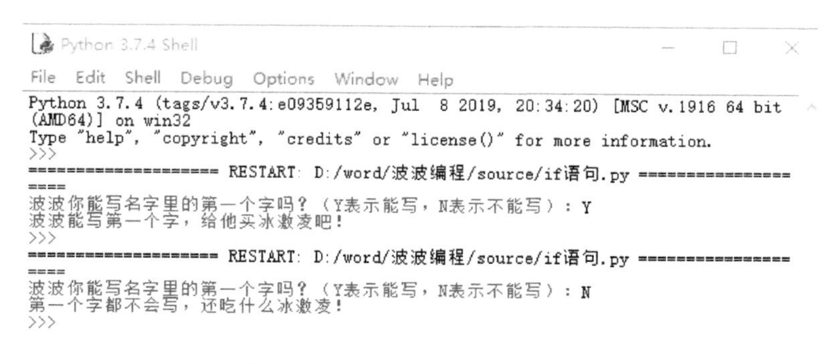

图 4-1　波波的心事程序运行结果

妈妈简简单单的一句话中涉及了 Python 编程中的 if 语句，该语句根据条件判断来执行不同的程序分支，这种结构称作“选择结构”。能不能吃冰激凌，就是要判断“能不能写自己名字里的第一个字”，如果能，那么波波有冰激凌吃；如果不能，波波就没有冰激凌吃。

4.2　选 A 还是选 B——if-else 语句

波波能否吃冰激凌，还可以用另外一种方式表达，代码如下。

```
波波能写第一个字 = input('波波你能写名字里的第一个字吗?(Y 表示能写,N 表示不能写): ')
if 波波能写第一个字 == 'Y':
```

```
    print('波波能写第一个字,给他买冰激凌吧!')
else:
    print('第一个字都不会写,还吃什么冰激凌!')
```

波波的选择程序运行结果如图 4-2 所示。

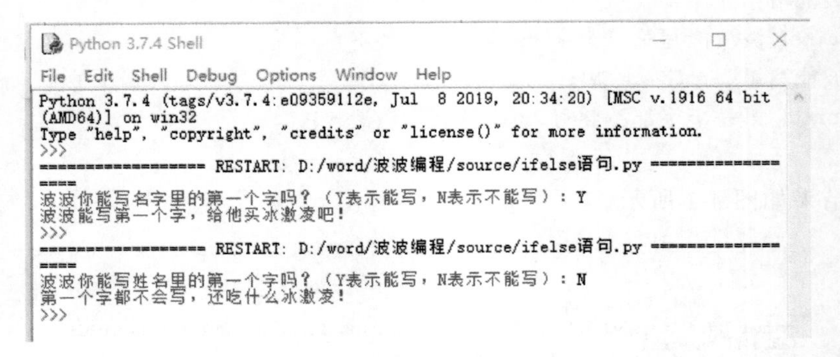

图 4-2　波波的选择程序运行结果(一)

此时,波波的选择可以由图 4-3 来形象地表示。

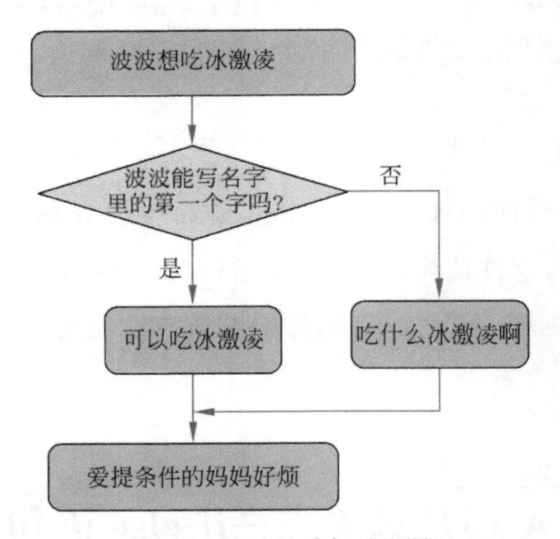

图 4-3　波波的选择流程图

图 4-3 其实是描述了 Python 中另外一种选择结构,if-else 条件表达式,其更一般的表示如下:

```
if 条件判断表达式:
            #条件成立的时候,要做的事情
```

```
else:
        # 条件不成立的时候,要做的事情
```

妈妈的条件虽然看起来有点"强人所难",好在波波是个勤奋好学的孩子,经过一番苦练之后,波波终于成功写出了自己名字里的第一个字,得到了想念已久的冰激凌。

4.3 选A选B还是选C——if多重条件分支语句

"人往高处走",波波的要求也在向着高处走,吃到了冰激凌,波波还想吃其他冷饮,鉴于上次的教训,波波决定这次找爸爸解决冷饮问题。

波波:"爸爸,你看天气这么热给我买瓶饮料喝吧!"

爸爸:"听妈妈说你会写名字的第一个字了,所以她给你买了冰激凌,现在你想喝饮料肯定也要满足我的条件啊!"

波波:"你们,你们怎么能这样对待一个小朋友,哼!那你的条件是什么呢?"

爸爸:"我的条件有点复杂,如图4-4所示。"

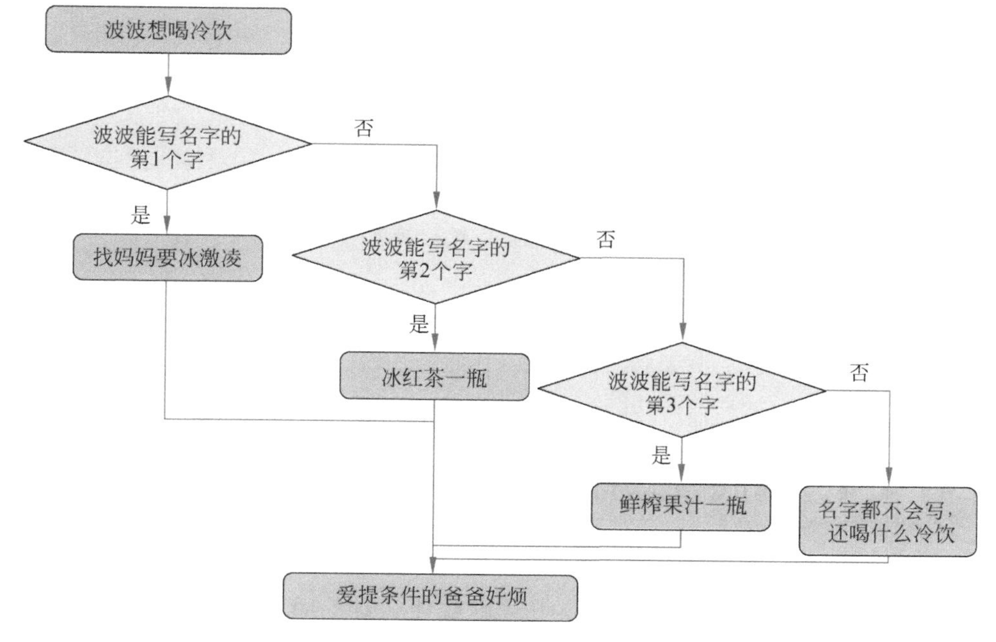

图4-4 爸爸的条件流程图

波波："可是这条件对于波波来说还是太复杂了，能不能用波波能理解的方式来表达?"

爸爸："可以啊，让Python来帮我，我写个程序给你看看，你就明白了。"

```
波波会写名字的第几个字 = int(input('你会写名字的第几个字啊?(0 - 3): '))
if 波波会写名字的第几个字 == 1:
    print('会写第 1 个字,找妈妈要冰激凌!')
elif 波波会写名字的第几个字 == 2:
    print('会写第 2 个字,冰红茶一瓶!')
elif 波波会写名字的第几个字 == 3:
    print('会写第 3 个字,鲜榨果汁一瓶!')
else:
    print("名字都不会写,还喝什么冷饮啊!")
```

爸爸在if-else语句的基础上借助elif语句成功完成了"喝冷饮的条件"解读，这种表示方式还是挺容易理解的。elif就像是"else if"的缩写，其一般格式如下。

```
if 条件判断表达式 1:
    # 如果条件 1 成立,执行此处操作
elif 条件判断表达式 2:
    # 如果条件 2 成立,执行此处操作
...
else:
    # 如果上述条件都不成立,执行此处操作
```

小贴士

(1) 当有两个以上条件需要判断时可以借助if-elif-else这种多分支结构。

(2) elif和else都必须和if联合使用，不能单独使用。

4.4 到底该怎样选——and、or和not

看到爸爸"开出"的条件后，波波心想这也没什么难的嘛，小菜一碟，正暗自高兴的时候，老爸又发话了。

爸爸："等一下，我要修改一下条件！"

波波："啊！"

爸爸："别紧张，条件不会太复杂，都是你能做到的：(1)如果你能同时写出名字的第 2 个字和第 3 个字，给你两瓶冰红茶；(2)如果只能写出第 2 个字或第 3 个字中的一个，给你一瓶鲜榨果汁；(3)如果这两个字都不会写，那就什么也没有了。"

波波心里想，人在屋檐下不得不低头啊，只好答应了这苛刻的条约。为了预防爸爸耍赖，波波要爸爸把"条约"告诉 Python，以此为证，代码如下。

```
波波会写名字的第 2 个字 = input('你会写名字的第 2 个字吗?(Y 表示会,N 表示不会): ')
波波会写名字的第 3 个字 = input('你会写名字的第 3 个字吗?(Y 表示会,N 表示不会): ')
if 波波会写名字的第 2 个字 == 'Y' and 波波会写名字的第 3 个字 == 'Y': # 两个字都会写
    print('这么棒,冰红茶两瓶!')
elif 波波会写名字的第 2 个字 == 'Y' or 波波会写名字的第 3 个字 == 'Y': # 会写第 2 个字
或第 3 个字
    print('会写一个字,鲜榨果汁一瓶!')
else: # 两个字都不会写
    print('两个字都不会写,什么饮料都没有')
```

运行结果如图 4-5 所示。

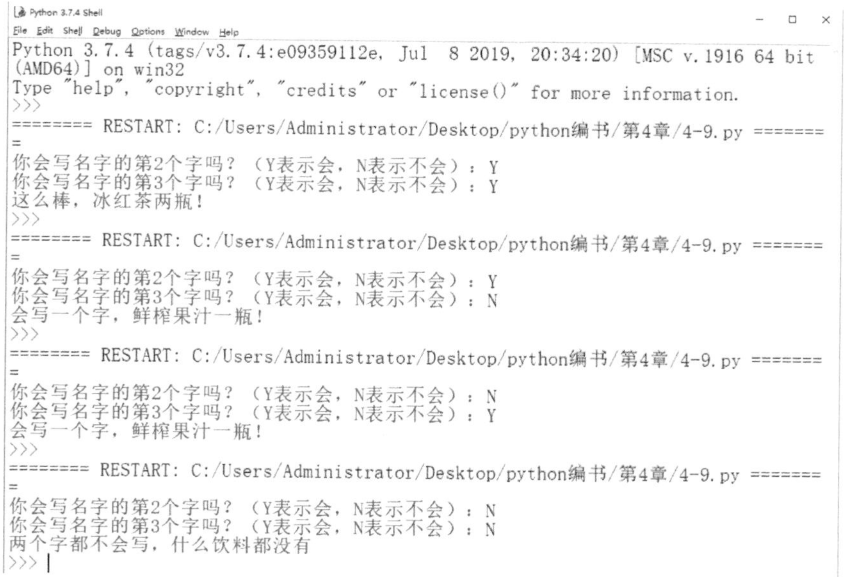

```
Python 3.7.4 Shell
File Edit Shell Debug Options Window Help
Python 3.7.4 (tags/v3.7.4:e09359112e, Jul  8 2019, 20:34:20) [MSC v.1916 64 bit
(AMD64)] on win32
Type "help", "copyright", "credits" or "license()" for more information.
>>>
======== RESTART: C:/Users/Administrator/Desktop/python编书/第4章/4-9.py =======
=
你会写名字的第2个字吗？（Y表示会，N表示不会）：Y
你会写名字的第3个字吗？（Y表示会，N表示不会）：Y
这么棒，冰红茶两瓶！
>>>
======== RESTART: C:/Users/Administrator/Desktop/python编书/第4章/4-9.py =======
=
你会写名字的第2个字吗？（Y表示会，N表示不会）：Y
你会写名字的第3个字吗？（Y表示会，N表示不会）：N
会写一个字，鲜榨果汁一瓶！
>>>
======== RESTART: C:/Users/Administrator/Desktop/python编书/第4章/4-9.py =======
=
你会写名字的第2个字吗？（Y表示会，N表示不会）：N
你会写名字的第3个字吗？（Y表示会，N表示不会）：Y
会写一个字，鲜榨果汁一瓶！
>>>
======== RESTART: C:/Users/Administrator/Desktop/python编书/第4章/4-9.py =======
=
你会写名字的第2个字吗？（Y表示会，N表示不会）：N
你会写名字的第3个字吗？（Y表示会，N表示不会）：N
两个字都不会写，什么饮料都没有
>>>
```

图 4-5　波波的选择程序运行结果(二)

4.5 需要掌握的单词

if （表条件） 如果

else 否则

and 和

or 或

run 运行，跑

module 模块，单元

4.6 动动脑

(1) 阅读以下程序，将结果写在横线上。

```
num = 2
if num % 2 == 0:
    print("偶数")
if num % 2!= 0:
    print("奇数")
```

输出结果是________________。

(2) 阅读以下程序，将结果写在横线上。

```
score = 95
if score > 90:
    print("优秀!")
else:
    print("再接再厉!")
```

输出结果是________________。

(3) 阅读以下程序，将结果写在横线上。

```
yuwen = 90
shuxue = 100
yingyu = 68
if yuwen > 90 and shuxue > 90 and yingyu > 90:
    print("三好学生")
elif yuwen < = 90 and shuxue > 90 and yingyu > 90:
    print("双优学生")
elif yuwen < = 90 and shuxue < = 90 and yingyu > 90:
```

```
    print("英语优秀")
elif yuwen <= 90 and shuxue <= 90 and yingyu <= 90:
    print("普通人才")
else:
    print("其他情况")
```

输出结果是________________。

第5章

奋斗不止——让计算机重复工作

人生中最困难者，莫过于选择。

——莫尔

决定你是什么的，不是你拥有的能力，而是你的选择。

——杨澜

“小古文怎么学？粗知大意，背下来再说！”这是全国特级教师于永正教大家的学习方法。波波学习小古文时就用此方法，当他不会背的时候，就读啊，读啊，读啊，读啊……

当“不会背”这个条件成立时，波波就会一直读下去，波波真是一个有毅力的孩子啊！

5.1 还有没有完啊——while 语句

今天一早妈妈问：“波波，想不想去动物园啊？”

波波：“想啊想啊，今天就去好不好？”

妈妈："好啊，但是有个条件。"

波波："怎么又有条件啊？好吧，你说吧。"

妈妈："写自己的小名波波一百遍。"

波波："啊?！一百遍啊，好啊，为了动物园我拼了，马上动手写起来。"

妈妈："第几遍了?"

波波："这是第1遍。"

妈妈："第几遍了?"

波波："这是第2遍。"

……

后来波波和妈妈都数不清了，妈妈提议让Python来完成这个重复的工作，于是妈妈写下了如下所示的代码，立马整个过程变得清晰明朗了。

```
cnt = 1
while cnt <= 100:
    print('妈妈：第几遍了?')
    print('波波：这是第',cnt,'遍')
    cnt = cnt + 1
```

运行波波妈妈的程序，结果如图5-1所示，因为篇幅有限，图5-1只截取了一部分，实际上要重复100遍。

妈妈在此处使用while语句构造了一种循环结构，将重复单调的工作简单化了。while语句的循环结构一般形式如下：

```
while 循环条件判断:
        #满足条件时，进行此处操作
```

其执行思路可以由图5-2来表示。

while语句首先判断菱形框中的条件是否为True(真)，当条件为True时，执行方框中的程序段，人们将这个程序段称为循环体。循环体执行一次后，循环控制变量即波波写的遍数要增加1，程序又转回去判断菱形框中的条件，直到条件为False(假)时，循环结束，妈妈带波波去动物园。

```
Python 3.7.4 Shell
File Edit Shell Debug Options Window Help
Python 3.7.4 (tags/v3.7.4:e09359112e, Jul  8 2019, 20:34:20) [MSC v.1916 64 bit
(AMD64)] on win32
Type "help", "copyright", "credits" or "license()" for more information.
>>>
======== RESTART: C:/Users/Administrator/Desktop/python编书/第5章/5-1.py =======
=
妈妈：第几遍了？
波波：这是第 1 遍
妈妈：第几遍了？
波波：这是第 2 遍
妈妈：第几遍了？
波波：这是第 3 遍
妈妈：第几遍了？
波波：这是第 4 遍
妈妈：第几遍了？
波波：这是第 5 遍
妈妈：第几遍了？
波波：这是第 6 遍
妈妈：第几遍了？
波波：这是第 7 遍
妈妈：第几遍了？
波波：这是第 8 遍
妈妈：第几遍了？
波波：这是第 9 遍
妈妈：第几遍了？
```

图 5-1 波波妈妈的程序运行结果

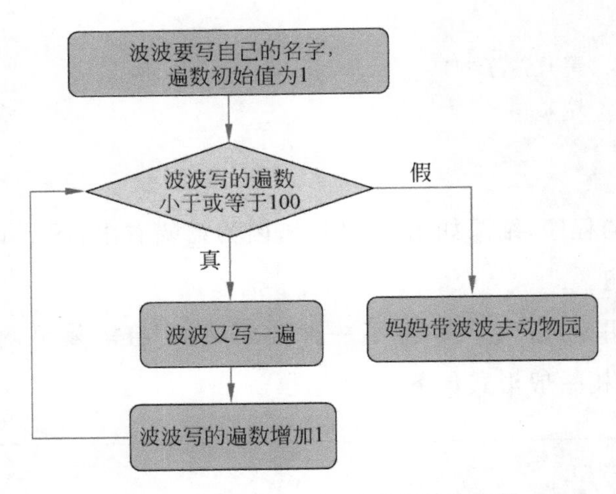

图 5-2 波波要写 100 遍名字的流程图

5.2 第二种强大的循环语句——for 语句

妈妈："波波，是不是觉得循环语句很实用也很有趣啊？"

波波："是啊，好神奇！"

妈妈："其实，循环结构还有另一个语句——for 语句。"

一眨眼的工夫妈妈就用for语句实现了上述循环结构，代码如下。

```
for cnt in range(1,101):
    print('妈妈:第几遍了?')
    print('波波:这是第',cnt,'遍')
```

运行结果与图5-1类似，但是波波对比while语句和for语句两种代码发现，for语句的代码更简单，少了两行代码。

这是因为for语句使用了range()。range(1,101)会构造一个序列，程序中cnt是一个循环变量，它的取值依次为1,2,…,100，对应range(1,101)中的100个元素，当cnt取值为101时，循环结束。这就是Python为大家准备的能遍历序列的for循环语句。该语句可以挨个对序列中的每个元素进行相同的操作，其一般形式如下：

```
for 循环变量 in 序列
    #执行循环体
```

5.3 该出手时就出手——break和continue

波波一边写着自己的名字一边想，总是这样重复写也不是办法，如何跟妈妈谈判呢？

波波："妈妈，我觉得条件可以修改一下，假如我很认真地写自己的名字，写得很好看，那么就可以不用写100遍。当然如果你认为我某次的字写得太丑，这一次也可以不算数。"

妈妈思索了一会儿，点头答应了。当然"证据"也要相应修改，就以while语句为例吧，修改为如下代码。

```
cnt = 1
while cnt <= 100:
    print('妈妈:第几遍了?')
    print('波波:这是第',cnt,'遍')
    妈妈满意 = input('妈妈对我写的名字满意?(Y代表满意,N代表不满意,O代表勉强可以):')
    if 妈妈满意 == 'N':
```

```
print('写得太难看,重写吧')
cnt = cnt + 1
continue
print('妈妈满意了,波波不用再写了')
break
```

运行程序,如果妈妈对波波第一遍写的名字就满意了,波波就不用写后面的 99 遍了,结果如图 5-3 所示。

```
Python 3.7.4 Shell
File Edit Shell Debug Options Window Help
Python 3.7.4 (tags/v3.7.4:e09359112e, Jul  8 2019, 20:34:20) [MSC v.1916 64 bit (AMD64)] on win32
Type "help", "copyright", "credits" or "license()" for more information.
>>>
======== RESTART: C:/Users/Administrator/Desktop/python编书/第5章/5-5.py ========
妈妈: 第几遍了?
波波: 这是第 1 遍
妈妈对我写的名字满意? (Y代表满意, N代表不满意,0代表勉强可以):Y
妈妈满意了, 波波不用再写了
>>> |
```

图 5-3　加入选择判断语句后的程序运行结果

妈妈巧妙地借助 break 和 continue,听起来复杂的条件,由 Python 来表示就简单了。break 和 continue 都可以结束循环,但是二者之间的差别还是很大的,请看波波的小贴士。

小贴士

(1) continue 语句用来结束本次循环,立即开始下一次循环。

(2) break 语句用来结束整个循环。

5.4　需要掌握的单词

while　当……时候

break　结束

continue　继续

in　在……之中

range　范围

for　对于

5.5　动动脑

(1) 请用 while 语句实现：计算 1～100 所有整数的和。

(2) 请用 for 语句实现：打印字符 A～Z。

(3) 阅读以下程序，写出运行结果。

```
n = 1
while n < 10:
    if n == 7:
        continue
    else:
        print(n)
n = n + 1
```

运行结果是__________________。

(4) 阅读以下程序，写出运行结果。

```
for i in range(1,101):
    if i % 2 == 0:
        print(i)
```

运行结果是__________________。

(5) 阅读以下程序，写出运行结果。

```
cnt = 1
while cnt < 3:
    print("hello Python!")
    cnt = cnt + 1
```

运行结果是__________________。

(6) 阅读以下程序，写出运行结果。

```
while True:
    print("hello Python!")
```

运行结果是__________________。

第6章

制作零部件——使用函数编程

波波今天好高兴，因为今天是波波的生日，妈妈给波波买了一套波波期盼已久的汽车积木，这样波波就可以拼装各种各样的汽车了。

6.1 方向盘和座椅的制作——函数定义

波波在整理积木的过程中发现这个汽车的零部件里有好几个组件都是相同的，比如轮胎和座椅等。这样每次拼不同的汽车，波波就不用一切从头开始了，可以保留像轮胎和座椅这样通用的组件。波波是不是很聪明啊？其实 Python 也像波波一样聪明，它也会将一些重复使用的代码“封装”起来，并给它起个名字，这样以后想用这段代码的时候就可以直接拿来用了。这种封装起来并带有名字的代码称作“函数”。

Python 中的函数分为两大类。

一类是 Python 内置函数，这种函数我们已经使用了很多，比如 print()函数和 input()函数等。这些函数是 Python 事先创建好的，直接拿过来用就可以。

另一类是用户自定义的函数，这些函数是用户根据需要自己创建的，就像积木拼装过程中的轮胎和座椅等。使用自定义函数的好处是可以大大减少编程者的工作量。函数定义格式如下：

```
def 函数名(参数列表): #函数名最好能反映函数要完成的工作
#函数体
```

波波提醒小朋友们，给函数起名字就像爸爸妈妈给我们起名字一样，可是很有讲究的，一般需要注意以下四点。

(1) 建议给函数起个有意义的名字，最好能做到“见名知意”。

(2) 参数列表是使用函数时需要传给函数的参数，可以没有，也可以是多个，当使用多个参数时，多个参数之间用逗号(,)隔开。

(3) 函数体是每次调用函数要完成的工作。

(4) 一般函数都有由 return 语句带回的返回值，如果没有 return 语句则返回空值。

波波利用 Python 写了轮胎和座椅函数，代码如下。

```
def tyre():
    print('*** 这是轮胎模块 ***')
    print('轮胎模块开始组装')
    return True
def seat():
    print('*** 这是座椅模块 ***')
    print('座椅组装完成!')
```

6.1.1　需要的零部件——函数调用

Python 的世界里有了轮胎和座椅，该怎样组装汽车呢？“纸上得来终觉浅，绝知此事要躬行”，下面给各位小朋友演示一下波波的组装代码和运行结果。

```
def tyre():
    print('***这是轮胎模块***')
    print('轮胎模块开始组装')
    return True
def seat():
    print('***这是座椅模块***')
    print('座椅组装完成!')
print('开始组装汽车...')
if tyre() == True:       #调用有返回值的轮胎函数(模块)
    print('轮胎组装完成!')
seat()                   #调用座椅函数(模块)
```

运行结果如图 6-1 所示。

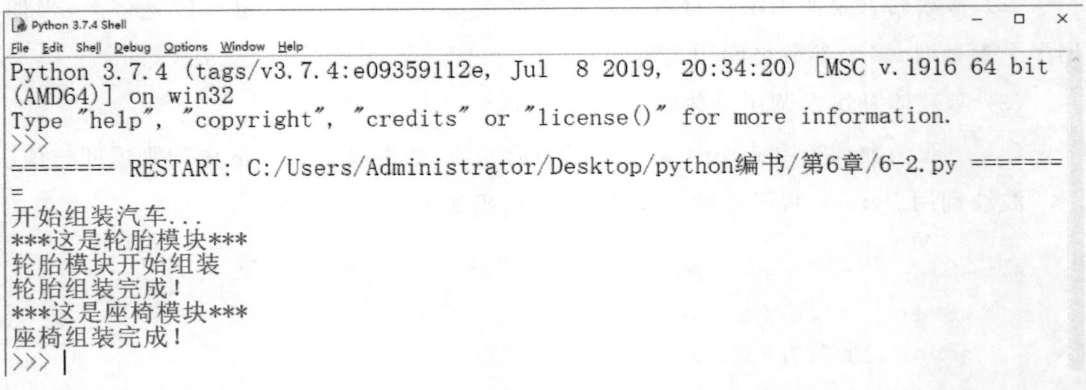

```
Python 3.7.4 Shell
File Edit Shell Debug Options Window Help
Python 3.7.4 (tags/v3.7.4:e09359112e, Jul  8 2019, 20:34:20) [MSC v.1916 64 bit
(AMD64)] on win32
Type "help", "copyright", "credits" or "license()" for more information.
>>>
======== RESTART: C:/Users/Administrator/Desktop/python编书/第6章/6-2.py =======
=
开始组装汽车...
***这是轮胎模块***
轮胎模块开始组装
轮胎组装完成!
***这是座椅模块***
座椅组装完成!
>>> |
```

图 6-1　组装汽车程序运行结果

函数定义只是告诉计算机,当被调用时需要做些什么。而真正运行函数,是在函数调用时。函数调用的基本格式是函数名(参数列表)后面跟圆括号的形式,例如:

```
tyre()        #此函数没有参数
```

此处圆括号()的作用是告诉计算机要在此处运行这个函数。当执行到此处时,计算机就会进入函数内部执行一次函数内语句,在图 6-1 中的表现就是分别执行了两个 print()函数。

需要注意，有返回值的函数和没有返回值的函数在调用时有所不同。对于有返回值的函数，可以预计函数产生的结果，并将结果当作变量来使用。比如，代码中的 if tyre()==True：会根据 tyre()函数的返回值来确定是否要打印“轮胎组装完成!”，而无返回值函数[如 seat()]，可以直接将其作为一条语句来使用，会输出“座椅组装完成!”。

6.1.2 组装零部件——函数参数传递

随着波波对 Python 越来越熟悉，波波对自己的要求也越来越高。波波现在已经不能满足于组装一种规格的汽车了，他想组装不同大小的汽车，当然这种情况下也就需要不同大小尺寸的轮胎和座椅。其实对于这种应用，Python 早就有准备了。不同“用户”对同一种“产品”的不同要求，Python 由带参数的函数来实现。

小伙伴这会儿肯定又在好奇，带参数的函数是什么啊？与前面提到的无参函数有什么异同呢？

其实，带参数的函数和不带参数的函数的区别主要是函数名后面的圆括号()中有没有内容，当然，此处的参数包括函数定义时指定的参数以及函数调用时传入的参数这两种。当定义函数时，我们可以为函数定义参数(parameter)，参数允许调用函数时通过传入不同的值，来给函数发送信息。参数传递过程如图 6-2 所示。

函数参数为函数定义时圆括号()里的变量，有多个参数时用逗号分开。

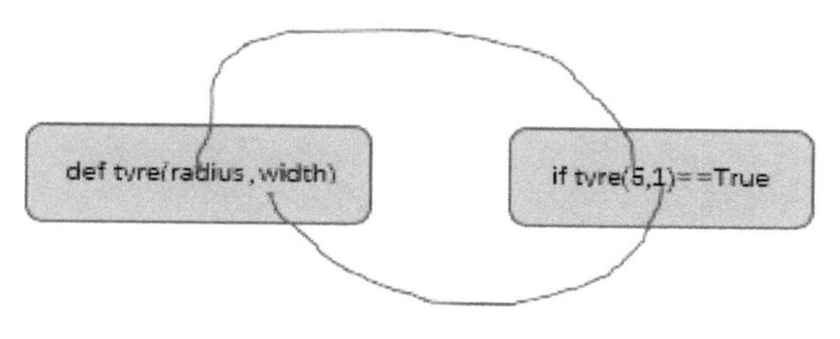

图 6-2 参数传递

在定义函数时，需要给出参数名字(如图 6-2 中的 radius 和 width)，这时的参数是没有实际数据的，我们称这种参数为形式参数，简称形参。形式参数只是一个占位符，在函数中先占据一个位置。函数定义完后，就可以通过函数名来调用函数了。在调用函数时，用户需要赋给形式参数实际的值，同时，计算机会给此时的参数分配地址空间，这时的参数称为实际参数，简称实参。此时函数参数有了实际的值，就可以参与执行函数体中相关语句的运算了。

地址空间：函数参数或者变量住的地方，可以通过函数 id(变量名)找到变量住的地方。

这次波波重新定义了 tyre()函数，给这个函数增加两个形式参数——radius 表示轮胎半径，width 表示轮胎宽度；seat()函数保持原样。改写后的汽车组装程序如下所示。因为波波对 tyre()函数的修改，在后续调用过程中，需要给 tyre()函数指定实际参数(5,1)，这样就将 5 赋给形参 radius，1 赋给形参 width，但真是这样吗？波波也有一点点怀疑，不过别急，运行一下程序就能检验我们的猜测了。

```
#定义带两个参数的轮胎函数
def tyre( radius, width ):
    print('*** 这是轮胎模块 ***')
    print('轮胎半径是：',radius)
    print('轮胎宽度是：',width)
    print('轮胎宽度参数住在哪里：',id(width))
    return True
                        #定义函数时的参数叫作形式参数，如 radius, width 是两个形式参数
                        #定义不带参数的座椅函数
def seat():
    print('*** 这是座椅模块 ***')
    print('座椅组装完成!')          #定义函数时也可以不带参数，如 seat()
print('开始组装汽车...')            #开始组装汽车
if tyre(5,1) == True:
    print('轮胎组装完成!')
                              #调用函数时的参数叫作实际参数，如 tyre(5,1)里的 5 和 1
seat()                             #调用不带参数的函数 seat()
```

运行结果如图 6-3 所示，果然第一个 5 表示轮胎半径，第二个 1 表示轮胎宽度，同时还告诉我们轮胎宽度这个参数的住址了。

注意：在函数调用时，一定要保证实参和形参的数量和位置一一对应。

```
Python 3.7.4 Shell
File Edit Shell Debug Options Window Help
Python 3.7.4 (tags/v3.7.4:e09359112e, Jul  8 2019, 20:34:20) [MSC v.1916 64 bit
(AMD64)] on win32
Type "help", "copyright", "credits" or "license()" for more information.
>>>
======== RESTART: C:/Users/Administrator/Desktop/python编书/第6章/6-5.py =======
=
开始组装汽车...
***这是轮胎模块***
轮胎半径是： 5
轮胎宽度是： 1
轮胎宽度参数住在哪里： 140715821003008
轮胎组装完成！
***这是座椅模块***
座椅组装完成！
>>> |
```

图6-3　组装带参数函数的汽车程序运行效果

6.2　需要掌握的单词

radius　半径

width　宽度

seat　座椅

tyre　轮胎

return　返回

define　定义

parameter　参数

6.3　动动脑

(1) 阅读以下程序，写出运行结果。

```
def add(x,y,z):
    return x + y + z
print(add(2,3,5))
```

运行结果是________。

(2) 阅读以下程序，写出运行结果。

```
def num(a,b):
    if a > b:
```

```
        return a
    else:
        return b
res = num(3,4)
print(res)
```

运行结果是________。

(3) 阅读以下程序,写出运行结果。

```
def func(n):
    n = n + 1
    return n
ret = func(4)
print(ret)
```

运行结果是________。

(4) 编写一个名为 display_message() 的函数,打印“hello python”。调用这个函数,确认显示的消息正确无误。

(5) 编写函数,计算传入数字参数的和,调用函数并验证正确性。

(6) 编写函数,给定半径计算圆形面积,调用函数并验证正确性。

第7章

谁干的——面向对象编程

觉得自己能做和不能做，其实只是在一个想法之间。

有一天，好朋友美美送给波波一只可爱的、毛色黑白相间的小机器猫，波波很喜欢。

7.1 机器猫模板：类的定义

波波想给这只可爱的小机器猫取个好听的名字。聪明的波波觉得该这么描述这只可爱的小机器猫：

(1) 不管怎么样，它是一个可爱的“动”物。

(2) 它具有一些特征(或者属性)，如毛色黑白相间、头圆圆的、有五官、有四条腿。

(3) 可以让它执行一些动作，或者执行一些“方法”，如喵喵地叫，可以唱歌，可以做宠物陪伴人类。

这只可爱的小机器猫非常招人喜爱，所以波波的亲朋好友都想拥有这样一只小机器猫。波波拿出“猫咪制作机”来帮忙，“猫咪制作机”能按照模板来生成一模一样的小机器猫。于是，波波先为这只可爱的猫咪创建一个模板。打开 Python IDLE Shell，新建一个文件，保存到 D:\PythonStudy\Chapter7\Xcat.py，输入代码如下。

```
#创建类
class Xcat:
    name = "可爱的小猫咪" #类变量
    color = "黑白相间"
    head = "圆形"
    def shout(self):
        print("喵！喵！喵！")

    def sing(self):
        print("我爱你，中国！")
        print("我爱你，碧波滚滚的南海！")

    def player(self):
        print("主人，我要陪你一辈子！")
```

这段代码创建了一个制造这种可爱猫咪的模板，模板名称叫作 Xcat，在模板内部指明了这种猫咪的名字、颜色、头形，还指明了这种猫咪具有的三个行为动作：shout、sing 和 player。

在 Python 中这种模板称为“类”。类中包含两部分内容。

- 一系列的变量及其初始值，这些变量称为这类对象的“属性”。
- 一系列函数的定义，这些函数称为这类对象的“方法”。

创建类以后，凡是根据这个类创造的东西，统统称为类的“实例”，也称为类的“对象”。Python 支持类和对象的所有概念和技术，是一种面向对象的语言。面向对象的编程，其英文是“object oriented programming”，缩写为 OOP。

不仅 Python 全面支持 OOP 的程序设计思路，Java、C++等许多程序设计语言都支持 OOP 技术。下面介绍 OOP 的一些基本概念。

- 类：用来描述具有相同属性和方法的一类事物的模板。类定义了这些事物所共有的属性和方法。使用 class 关键字创建类。
- 对象：通过类定义的每个具体事物称为类的“对象”。对象包括数据成员（类变量和实例变量)和方法。

- 实例化：创建一个类的对象的过程称为“实例化”。对象是类的实例。
- 方法：在类中定义的函数。与普通函数不同，方法必须有一个参数，代表类的实例，习惯上使用self来命名这个参数。
- 类变量：定义在类中且在函数体(方法体)之外的变量。类变量在整个实例化的对象中是公用的。
- 实例变量：在类的方法中定义的变量，只用于当前实例。

OOP的特点可以概括为封装性、继承性和多态性，下面简单介绍一下。

1. 封装性

将数据和对数据的操作组织在一起，定义一个新类的过程就是封装(encapsulation)。封装是面向对象的核心思想，通过封装，对象向外界隐藏了实现细节，对象以外的事物不能随意获取对象的内部属性，提高了对象的安全性，有效地避免了外部错误对它产生的影响，减少了软件开发过程中可能发生的错误，降低了软件开发的难度。

例如，用户利用手机的功能菜单就可以操作手机，而不必知道手机内部的工作细节，这就是一种封装。

2. 继承性

继承(inheritance)描述了类之间的关系，在这种关系中，一个类共享了一个或多个其他类定义的数据和操作。继承的类(子类)可以对被继承的类(父类)的操作进行扩展或重定义。

通过继承，可以在无须重新编写原有类的情况下，对原有功能进行扩展。例如，有一个描述汽车的类，该类中描述了汽车的公共特性和功能，而轿车的类中不仅应该包含汽车的特性和功能，还应该增加轿车特有的功能，这时，可以让轿车类继承汽车类，在轿车中单独添加轿车特有的特性和方法就可以了。

3. 多态性

多态(polymarphism)通常是指类中的方法重载，即一个类中有多个同名(不同参数)的方法，方法调用时，根据不同的参数选择执行不同的方法。

Python不需要方法重载，多态主要发生在继承过程中，当一个类中定义的属性和方法被其他类继承后，它们可以具有不同的数据类型或表现出不同的行为，这使得同一个属性和方法在不同的类中具有不同的语义。例如，当听到 cut 这个单词时，理发师的行为是剪发，演员的行为是停止表演。不同的对象，所表现的行为是不一样的。

面向对象的编程思想需要通过大量的实践去学习和理解，才能真正领悟面向对象的精髓。

可以在一个 Python 文件中定义多个类。在使用文件中定义的类之前，需要使用 from-import 语句来引入类。

7.2 制造一只可爱的机器猫：创建对象

创建好了 Xcat 模板类后，就可以开动猫咪制作机来快速生成这种可爱的机器猫了。运行 Xcat. py 程序，打开 Python IDLE Shell。这时虽然看起来好像什么也没有发生，但实际上已经在内存中加载了 Xcat 类。接下来输入以下代码就可以创建一个 Xcat 的对象。

```
>>> cat = Xcat()
```

这样一行代码，就创建了一个 cat 对象，它具有 Xcat 类所定义的所有属性和方法。在 Python 中，可以使用对象名加点号(.)来引用对象的属性和方法。下面新建一个文件 shilicat. py，以演示如何创建和使用对象，代码如下。

```
#对象实例
from Xcat import Xcat                    #引入类
cat = Xcat()                             #实例化
print("这个猫咪的名字:",cat.name)         #使用对象的属性
cat.sing()                               #使用对象的方法
cat.shout()
```

这段程序首先创建了一个 Xcat 的实例——cat 对象，然后使用 print()函数输出机器猫的名字，在 print()的参数中调用了对象的属性，接着调用对象的方法输出对象的行为动作。程序运行结果如图 7-1 所示。

```
Python 3.7.4 Shell
File Edit Shell Debug Options Window Help
Python 3.7.4 (tags/v3.7.4:e09359112e, Jul  8 2019, 20:34:20) [MSC v.1916 64 bit
(AMD64)] on win32
Type "help", "copyright", "credits" or "license()" for more information.
>>>
======== RESTART: C:/Users/Administrator/Desktop/python编书/第7章/7-2.py =======
=
这个猫咪的名字：可爱的小猫咪
我爱你，中国！
我爱你，碧波滚滚的南海！
喵！喵！喵！
>>> |
```

图7-1 对象的创建和使用

7.3 如何制造猫——构造方法

猫咪制造机是如何制造出一只机器猫的呢？听波波来给同学们说说。猫咪制造机的工作原理是因为类里面定义的一种特殊方法——构造方法。每当需要创建对象时，就会调用类的构造方法，这时，在构造方法里创建的那些函数就会被执行。这些函数就会创建对象的属性。

到底构造函数是什么样呢？还是通过波波的Xcat类来看一看吧。打开Xcat.py文件，在文件末尾添加一个新的类，新增添的代码如下。

```
#创建类
class XcatPlus:
    #定义类变量，也称属性
    name = "机器猫加强版"
    price = 100
    #定义构造方法
    def __init__(self,head,color):
        self.head = head
        self.color = color
    #定义其他方法
    def preview(self):
        print("您要的猫叫:",self.name,",头:",self.head,",颜色: ",self.color,
",价格:",self.price)
```

XcatPlus 类定义了四个属性和两个方法，其中名为__init__的方法，一看其名字就比较特殊，它的名字以两个连续的下画线开始和结束，而且中间必须是 init，这就是类的构造方法。本例中的这个构造方法有三个参数。

- self——用于获取类的实例。它是必需的，且必须是第一个参数，名称随意，但习惯上用 self。
- head——用于获取传入的字符串，表示机器猫头部的形状。
- color——用于获取传入的字符串，表示机器猫身体的颜色。

函数(方法)体有两行代码，分别将传入的参数 head 和 color 赋给类对象的属性。使用 self. head 和 self. color 表示对象的属性。

在 Python 中，每个类只能有一个构造方法。如果类中没有自定义的构造方法，如前面的 Xcat 类，Python 会使用默认的构造方法。默认构造方法是只有一个 self 参数的方法。

值得注意的是，在定义类时，如果要在方法中使用对象的属性，则需要使用 self. head 这样的形式。

定义好 XcatPlus 类以后，就可以创建它的对象了。新建一个文件 cat2. py，输入如下代码。

```
#对象示例 2
from Xcat import XcatPlus
#创建对象
cat2 = XcatPlus("正方形","棕色")        #实例化
print("猫咪颜色:",cat2.color)           #直接使用类变量
cat2.preview()                          #展示对象的方法
```

这段程序首先引入 XcatPlus 类，依照构造方法创建对象 cat2，传入两个参数“正方形”和“棕色”，这时 cat2 对象的两个属性 head 和 color 就分别获得了值“正方形”和“棕色”。其次展示了类变量的使用，直接使用“类名. 类变量名”的形式。最后展示了对象方法的使用，使用“对象名. 方法名”的形式来调用。程序执行结果如图 7-2 所示。

面向对象编程的好处是可以使用类来快速创建多个对象。可以在 IDLE Shell 的提示符后面继续创建多个机器猫加强版的实例，代码如下。

```
Python 3.7.4 Shell
File Edit Shell Debug Options Window Help
Python 3.7.4 (tags/v3.7.4:e09359112e, Jul  8 2019, 20:34:20) [MSC v.1916 64 bit
(AMD64)] on win32
Type "help", "copyright", "credits" or "license()" for more information.
>>>
======== RESTART: C:/Users/Administrator/Desktop/python编书/第7章/7-5.py =======
=
猫咪颜色: 棕色
您要的猫叫: 机器猫加强版 ,头: 正方形,颜色:  棕色,价格:  100
>>>
```

图 7-2　创建对象示例

```
==== RESTART: C:/Users/Administrator/Desktop/python 编书/第 7 章/7 - 5.py ====
猫咪颜色：棕色
您要的猫叫：机器猫加强版 ,头：正方形,颜色：棕色,价格：100
>>> cat3 = XcatPlus("圆形","粉色")
>>> cat4 = XcatPlus("三角形","黄色")
>>> cat5 = XcatPlus("国字形","红色")
>>> cat3.preview()
您要的猫叫：机器猫加强版 ,头：圆形,颜色：粉色,价格：100
>>> cat4.preview()
您要的猫叫：机器猫加强版 ,头：三角形,颜色：黄色,价格：100
>>> cat5.preview()
您要的猫叫：机器猫加强版 ,头：国字形,颜色：红色,价格：100
>>>
```

是不是很简单？一眨眼的工夫，波波已经制作了好多个“机器猫加强版”了。

7.4　猫猫家族：类的继承

7.4.1　机器猫也是猫

机器猫虽然不如生活中的猫那么灵活，但也是一种猫，具有猫的特征，但同时又具有区别于其他品种的独特属性。可以说机器猫是从猫“派生”出来的，也可以说机器猫是“继承”了生活中的猫。类的继承是面向对象技术中最有代表性的特征。继承其他类的类称为“子类”，被继承的类称为“父类”；也可以分别称为“派生类”和“基类”。子类会自动拥有父类所有可继承的属性和方法。

Python 中继承的语法格式如下：

```
class 子类名(父类名):
    类的属性
    类的方法
```

既然类之间可以“继承”，那么波波发明的 XcatPlus 类完全可以继承先前发明的 Xcat 类，而 Xcat 类也同样可以继承 Cat 类。打开 Python IDLE Shell，新建一个文件，保存到你习惯的位置，输入如下代码。

```
#父类 Cat
class Cat:
    #定义类变量
    name = "猫"
    #定义方法
    def shout(self):
        return "喵!喵!喵!"
    def preview(self):
        return "您要的猫叫:" + self.name
    def showClass(self):
        print(self,"的类名",self.__class__.__name__)
#子类 Xcat
class Xcat(Cat):
    name = "机器猫" #类变量
    color = "黑白相间"
    head = "圆形"
    def sing(self):
        return "我爱你,中国!\n 我爱你,碧波滚滚的南海!"
    def player(self):
        return "主人,我要陪你一辈子!"
#子类 XcatPlus
class XcatPlus(Xcat):
    #定义类变量,也称属性
    name = "机器猫加强版"
```

```
    price = 100
    #定义构造方法
    def__init__(self,head,color):
        self.head = head
        self.color = color
    #定义其他方法
    def preview(self):
        return "您要的猫叫:" + self.name + ",头:" + self.head + "颜色: " + self.
color + "价格: " + str(self.price)
```

将编写好的代码保存到 D:\PythonStudy\Chapter7\JC.py 文件中，在程序中定义了三个类：Cat、Xcat 和 XcatPlus。XcatPlus 类继承了 Xcat 类，Xcat 类继承了 Cat 类。实现继承关系的方法很简单，就是把父类放到类名后面，用圆括号括起来。

7.4.2　这是遗传：继承的特性

子类继承了父类后，就会具有父类的所有特征（属性和方法），同时还具有自己增加的新特征。例如，上面定义的 Xcat 类相比父类 Cat，新增了 head、color 属性。

怎么来验证子类继承了父类的特征呢？那就看子类的对象能不能调用父类的属性或方法。新建一个文件 TestJX.py，代码如下。

```
#验证类的继承
from JC import *
cat1 = Cat()
cat2 = Xcat()
cat3 = XcatPlus("圆形","棕色")
#展示 Cat 的特征
cat1.showClass()            #显示类名
print("名称: ",cat1.name)
print("Cat 中定义的 shout 方法: ",cat1.shout())
print()                     #换行

#展示 Xcat 的特征
cat2.showClass()            #显示类名
print("名称: ",cat2.name)
```

```
print("新的属性 head:",cat2.head)
print("新的属性 color:",cat2.color)
print("新的方法：",cat2.sing())
print("新的方法：",cat2.player())
print("继承自父类 Cat 的方法：",cat2.shout())
print("继承自父类 Cat 的方法：",cat2.preview())
print()            #换行

#展示 XcatPlus 的特征
cat3.showClass()  #显示类名
print("名称：",cat3.name)
print("新的属性 price:",cat3.price)
print("继承自祖父类 Cat 的方法：",cat3.shout())
print("执行重写的方法 preview: ",cat3.preview())
#使用类名调用类方法
print("执行继承自祖父类 Cat 的 preview 方法：",Cat.preview(cat3))
```

首先，通过 from JC import * 引入 JC 文件中的所有类，然后根据不同的类创建三个对象，接下来分别展示各对象属性和方法的引用。

由于 cat1 是 Cat 类的对象，所以使用 cat1. name 可以调用 Cat 类的 name 属性，使用 cat1. shout ()和 cat1. showClass()可以调用 Cat 类中定义的 shout()和 showClass()方法。

由于 cat2 是 Xcat 类的对象，所以它毫无疑问可以调用 Xcat 类的属性和方法。同时，由于 Xcat 类继承自 Cat 类，所以它还可以通过 cat2. shout()和 cat2. preview()调用父类 Cat 中的 shout()和 preview()方法，即使 Xcat 类中并没有定义这两个方法。

cat3 也是一样，不仅能调用父类 Xcat 的方法，还能调用祖父类 Cat 的方法。

运行程序试试看吧，结果如图 7-3 所示。

对照结果和代码，需要注意观察以下五项内容。

1. 继承来的属性和方法

有的属性和方法在类中并没有定义，而是从父类那里继承来的。在实例化后，可以将它们直接当成自己的属性和方法来使用。例如，cat2 是 Xcat 类的对象，Xcat 类中并没有定义 preview()方法，这时如果调用 cat2. preview()，调用的就是从父类 Cat 中继承来的方法。

```
Python 3.7.4 Shell
File Edit Shell Debug Options Window Help
Python 3.7.4 (tags/v3.7.4:e09359112e, Jul  8 2019, 20:34:20) [MSC v.1916 64 bit
(AMD64)] on win32
Type "help", "copyright", "credits" or "license()" for more information.
>>>
======== RESTART: C:/Users/Administrator/Desktop/python编书/第7章/7-9.py =======
=
<JC.Cat object at 0x0000027F56CE6A08> 的类名 Cat
名称:  猫
Cat中定义的shout方法:  喵!喵!喵!

<JC.Xcat object at 0x0000027F56CE64C8> 的类名 Xcat
名称:  机器猫
新的属性head: 圆头
新的属性color: 黑白相间
新的方法:  我爱你,中国!
我爱你,碧波滚滚的南海!
新的方法:  主人,我要陪你一辈子!
继承自父类Cat的方法:  喵!喵!喵!
继承自父类Cat的方法:  您要的猫叫:机器猫

<JC.XcatPlus object at 0x0000027F56CE4FC8> 的类名 XcatPlus
名称:  机器猫加强版
新的属性price: 100
继承自祖父类Cat的方法:  喵!喵!喵!
执行重写的方法preview:  您要的猫叫:机器猫加强版,头:圆形,颜色: 棕色,价格: 100
执行继承自祖父类Cat的preview方法:  您要的猫叫:机器猫加强版
>>>
```

图 7-3 类的继承示例

2. 新增的属性和方法

子类可以具有父类没有的属性和方法。例如 Xcat 中定义的 head 和 color 属性,是它的父类 Cat 没有的属性。

3. 改变了取值的属性

子类继承父类的属性后,可以随时改变它的取值。例如 cat2 是 Xcat 的对象,name 取值为“机器猫”,而父类 Cat 中定义的 name 取值为“猫”。

4. 重写方法

子类中如果有和父类中同名的方法,则使用子类中的方法覆盖父类中的方法,这称为方法的重写(重载)。例如,在 XcatPlus 类中重写了祖父类 Cat 的 preview()方法,则执行 cat3.preview()时,只会调用 XcatPlus 中的 preview()方法。

5. 通过类名调用方法

如果子类重写了父类中的方法,但是又需要调用父类中这个同名方法,则可以使用类名来调用。例如,XcatPlus 重写了 Cat 中的 preview()方法,这时如果要使用祖父类 Cat 中的 preview()方法,则可以采用 Cat.preview(cat3)的形式,这时传入 cat3 对象作为参数就可以了。

波波仔仔细细、来来回回把上述五项内容学习了好多遍，终于明白了什么是类的继承。

注意：编写程序需要灵感和技巧，就像诗人写诗、画家作画、音乐家作曲，充满了乐趣与挑战。

7.5 需要掌握的单词

class　类

encapsulation　封装

inheritance　继承，多态

7.6 动动脑

（1）有类定义如下，请问应怎样使用 data 属性和 showdata()方法？

```
class test:
   data = 'abc'
     def showdata(self):
         print(self.data)
```

（2）执行下面的语句后，x.data 和 y.data 的值是否相同？为什么？

```
class test:
    data = 'abc'
x = test()
y = test()
x.data = 100
print(x.data,y.data)
```

（3）self 在类中有何意义？

第8章

我是小画家——海龟绘图

人性化的程序如流传千古的名诗，意味隽永、回味无穷。

智能化的程序如巧夺天工的建筑，美轮美奂、匠心独具。

海龟作图是 Python 很有趣的模块，使用海龟作图，波波能够只用几行代码就创建出令人印象深刻的视觉图形。在海龟作图中，波波可以编写指令让一只虚拟的（想象中的）海龟在屏幕上来回移动。这只海龟带着一支钢笔，无论移到哪里都能使用这支钢笔来绘制线条。通过编写代码，以各种很酷的模式移动海龟，波波可以带着大家绘制出令人惊奇的图片。

使用海龟作图，不仅能够只用几行代码就创建出令人印象深刻的视觉效果，而且还可以跟随海龟看看每行代码如何影响到它的移动，这能够帮助波波理解代码的逻辑。

8.1 先画一画各种优美的线

8.1.1 画线段

波波初次接触海龟绘图，想了想，就画一条线段来开启海龟作图之旅吧。打开 Python IDLE Shell，新建一个文件名为 DrawLine. py 的文件，并将其保存到小朋友熟悉的地方。输入如下代码。

```
#DrawLine.py        #第一行说明
import turtle       #第二行说明
t = turtle.Pen()
t.forward(100)
```

当运行这段代码时，会得到一条笔直的线段，如图 8-1 所示。

#DrawLine. py 是注释，是给阅读程序的人的提示和说明。第二行导入(import)了绘制海龟图形的功能模块。导入已经编写过的代码，这是编程工作最酷的事情之一。如果你编写了一些有趣并有用的程序，可以将其与其他的人分享，同时也可以自己重用它。尽管海龟作图最初源自 20 世纪 60 年代的 Logo 编程语言[①]，但一些很酷的 Python 程序员构建了一个库(library，就是可以重用的代码的一个合集)，来帮助其他程序员在 Python 中使用海龟作图。当我们输入了 import turtle，就表示程序能够使用那些 Python 程序员所编写的代码。图 8-1 中的黑色箭头表示海龟，它在屏幕上移动时会使用钢笔绘图。

程序的第三行 t=turtle. Pen()，是告诉计算机，将使用字母 t 来表示海龟的钢笔。这样后面我们只需要录入 t. forward()，而不是 turtle. Pen(). forward()，就可以让海龟在屏幕上移动时用钢笔进行绘制。第四行 forward()方法括号里面的 100 是指移动 100 个像素。

---

① Logo 编程语言创建于 1967 年，这是一种教育编程语言，在 50 多年之后的今天，它仍然被用来教授基本的编程。

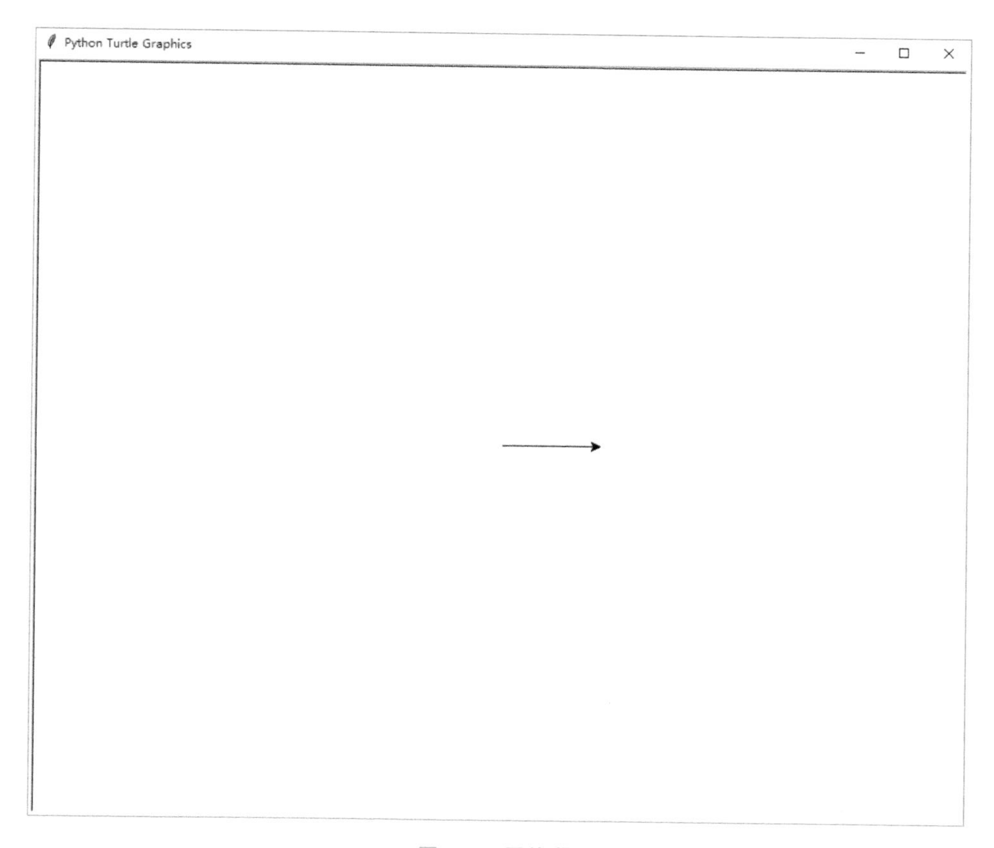

图 8-1　画线段

8.1.2　画弧线

波波学会了用海龟作图画直线，想试一下曲线的设计及画法，既然画直线是让画笔直行(forward)，那画弧线就需要用 circle 让它走圆弧形的路径，不管是圆弧还是圆都是圆形的部分，那它所需要的变量和圆的变量相同，即需要半径和角度。画一个 90°的圆弧，代码如下。

```
#画弧线
import turtle
t = turtle.Pen()
t.circle(100,90)
```

运行效果如图 8-2 所示，即四分之一个圆形。

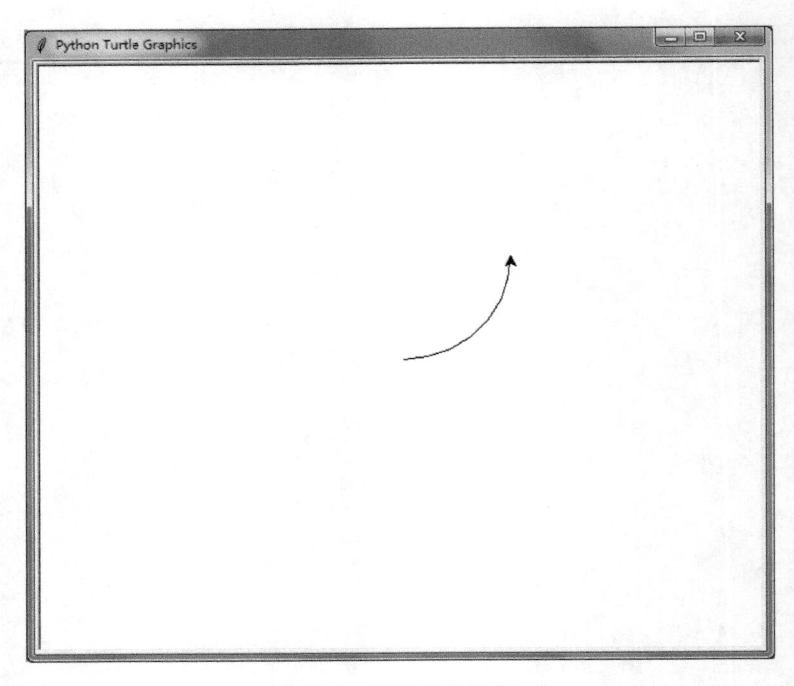

图 8-2　画弧线效果图

8.1.3　画折线

折线是由多条线段连接而成的，所以画折线的原理和画线段的原理非常相似。画折线只需要在每条线段终点改变一下方向，然后开始画新的线段即可。怎么改变海龟的方向呢？这就要用到 turtle.Pen().left()和 turtle.Pen().right()。波波画了一个 Z 字形折线，代码如下。

```
#画折线 Z
import turtle
t = turtle.Pen()
t.forward(60)
t.right(135)
t.forward(100)
t.left(135)
t.forward(60)
```

上述代码中第 5 行的 t.right(135)和第 7 行的 t.left(135)括号里面的数字都是角

度，即画笔的转角度数，right 和 left 分别是画笔向右和向左转的意思。代码运行效果如图 8-3 所示。

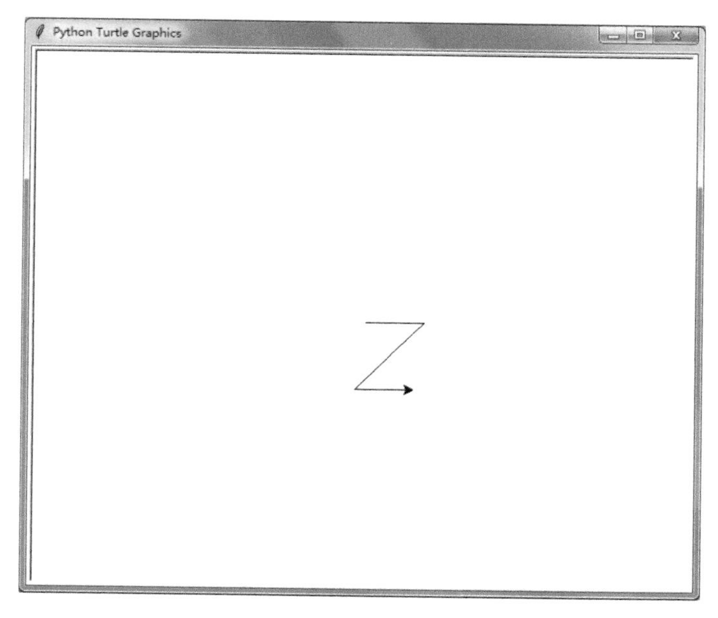

图 8-3　画折线 Z 效果图

8.2　画多姿多彩的图形

8.2.1　画圆形

8.1 节中，波波已经给大家画了四分之一个圆，那这次波波来尝试画一个完整的圆吧。既然知道了角度为 90°时是一个四分之一圆，那么将角度改为 360°是不是就是一个完整的圆了呢？让我们来试一试吧，代码如下。

```
#画圆形
import turtle
t = turtle.Pen()
t.circle(100,360)
```

运行代码后，结果如图 8-4 所示，果然是一个完整的圆呢。

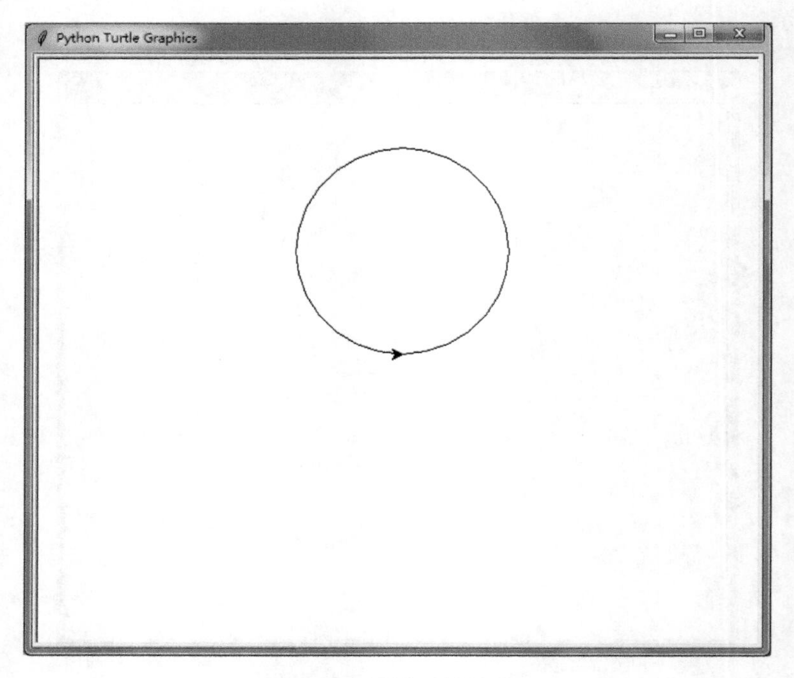

图 8-4　画圆形效果图

8.2.2　画多边形

生活中最常见的多边形应该就是矩形(正方形是特殊的矩形)。于是波波就先从正方形开始画起。波波分析了一下海龟画正方形的过程，海龟默认起始位置是在画布的中心位置，面朝右边正前方。

(1) 向前画一个边长长度的线段，然后向左(右)旋转 90°。

(2) 重复第(1)步四次，即可画出正方形。

从上面的分析可以看出，需要用到循环，这样能简化作图程序，代码如下。

```
#画正方形
import turtle
t = turtle.Pen()
for i in range(4):
    t.forward(100)
    t.left(90)
```

运行程序后，结果如图 8-5 所示。

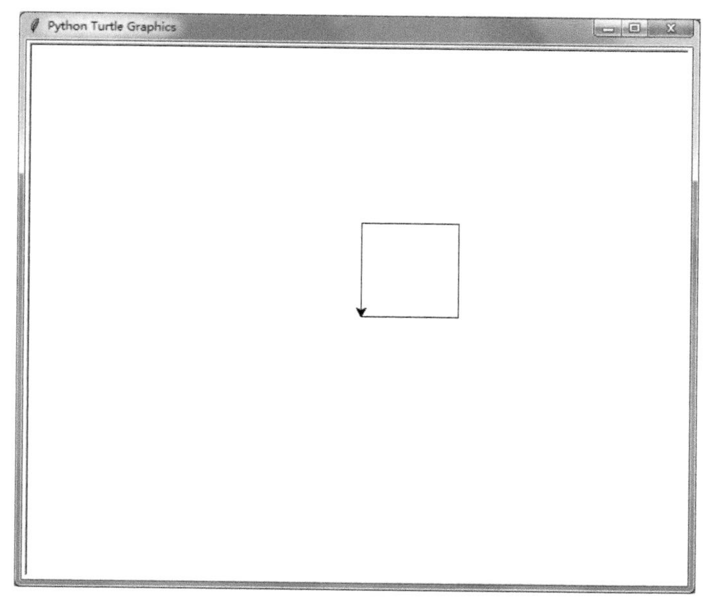

图 8-5　画正方形效果图

果然这样矩形就画出来了，那如果要画正五边形呢？它的转角是多少呢？它应该转多少次呢？数学知识告诉我们，多边形的外角和是 360°，又因为正多边形的每个外角都一样大，正五边形有五个外角，所以正五边形的外角是 72°。这样，程序每次的转角就是 72°。于是得到画正五边形的程序代码如下。

```
#画正五边形
import turtle
t = turtle.Pen()
for i in range(5):
    t.forward(100)
    t.left(72)
```

运行程序后，结果如图 8-6 所示。

波波通过观察发现，可以得出画正 n 边形的通用程序。正 n 边形的外角等于 $360°/n$，这样可以得出海龟每次转角等于外角，即为 $360°/n$。程序每次运行时，根据需要输入 n 的值和边长，就能画出你想要的正 n 边形，这样是不是方便许多？完整的程序代码如下。

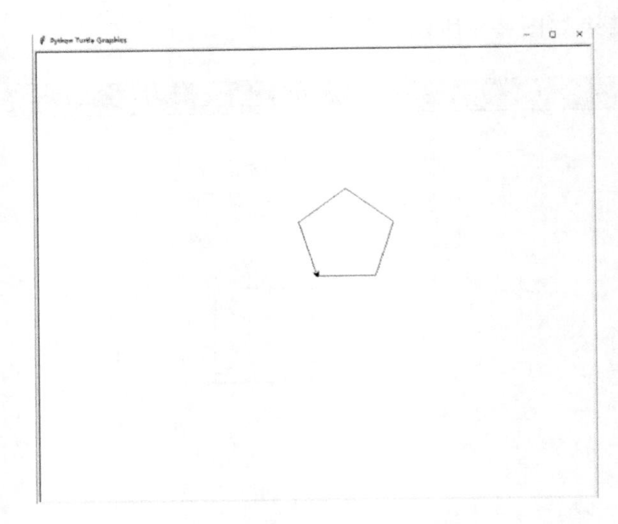

图 8-6　画正五边形效果图

```
#画正 n 边形
import turtle
t = turtle.Pen()
n = int(input("输入正多边形的边数:"))
m = int(input("输入边长:"))
for i in range(n):
    t.forward(m)
    t.left(360/n)
```

运行程序，输入边数 8 和边长 50，如图 8-7 所示。

```
Python 3.7.4 Shell
File Edit Shell Debug Options Window Help
Python 3.7.4 (tags/v3.7.4:e09359112e, Jul  8 2019, 20:34:20) [MSC v.1916 64 bit (AMD64)] on win32
Type "help", "copyright", "credits" or "license()" for more information.
>>>
== RESTART: C:/Users/Administrator/Desktop/Python教材编写1003/chapter8/正n边形.py ==
输入正多边形的边数:8
输入边长:50
>>>
```

图 8-7　输入边数和边长

按回车键确定后，即画出一个边长为 50 的正八边形，如图 8-8 所示。

这些图形的形状不错，但是，如果它们能够更多彩一些，是不是更酷呢？让我们回到画正 n 边形的代码，在 t=turtle.Pen()这一行的后面再添加一行代码，从而将钢笔颜色设置为红色，添加颜色后的代码如下。

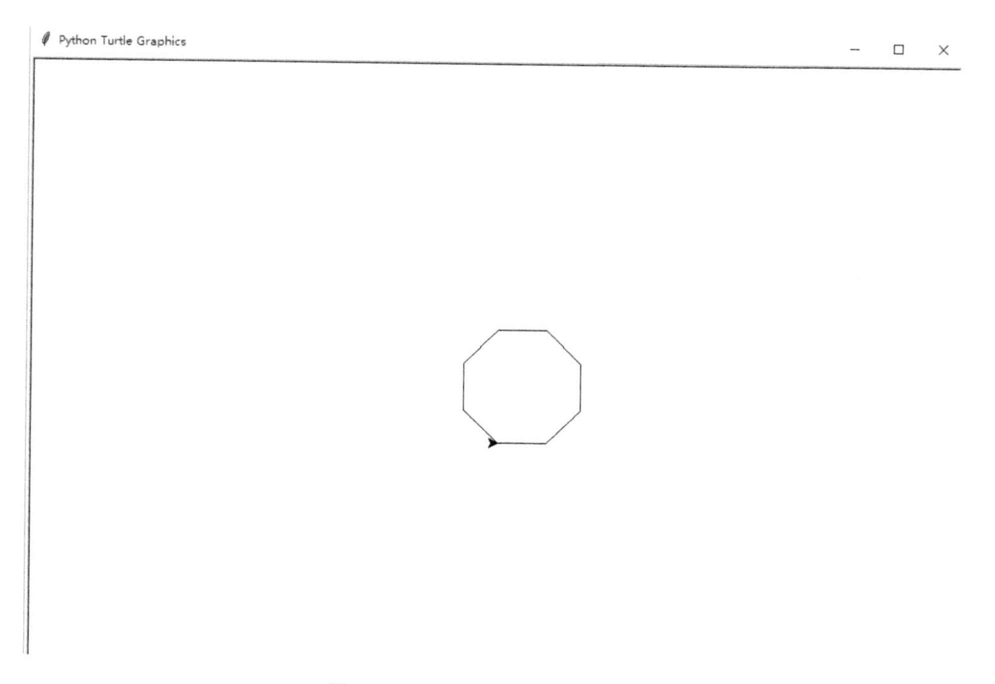

图 8-8　画正八边形的运行结果

```
#画正 n 边形
import turtle
t = turtle.Pen()
t.pencolor("red")
n = int(input("输入正多边形的边数:"))
m = int(input("输入边长:"))
for i in range(n):
    t.forward(m)
    t.left(360/n)
```

运行以上程序，输入边数 8 和边长 50，按回车键确定后，将会看到一个红色的正八边形，如图 8-9 所示。你还可以尝试用另一种常用的颜色（如 blue 或 green）来替换 red，并且再次运行该程序。我们可以通过 Turtle 库使用数百种不同的颜色，包括一些奇怪的颜色，如 salmon 或 lemon chiffon。

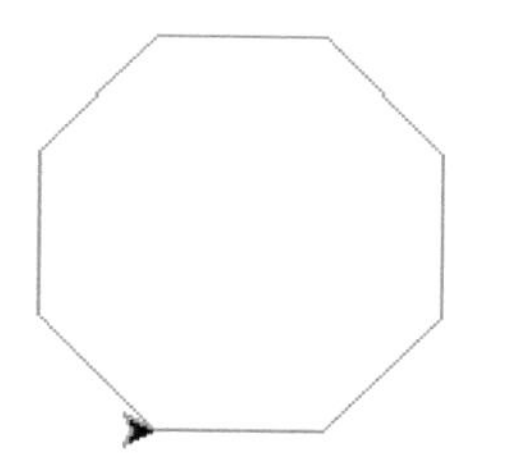

图 8-9　红色的正八边形

8.3 在随机位置微笑

微笑是一件幸福的事情，微笑使人们坚强地面对一切，微笑给人们带来力量。波波特别喜欢微笑，当看到别人对自己微笑，也会特别开心。于是，波波想着既然海龟绘图这么厉害，那就用它来画个笑脸吧。

该怎么画呢？波波灵机一动，要不先在纸上画一画，然后一次一部分地将其转换成代码。波波一会儿就画好了，如图 8-10 所示。

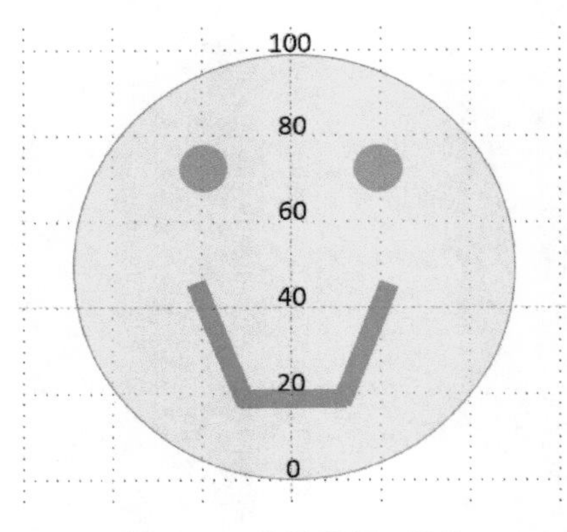

图 8-10 编程目标：笑脸

8.3.1 绘制脑袋

观察图 8-10 波波画的笑脸发现，每个笑脸都有一个黄色的圆表示脑袋，两个小的蓝色圆表示眼睛，还有一些红色的线条表示嘴巴。这里我们先来编程画一下笑脸的脑袋吧，这样就不会盖住接下来要绘制的眼睛和嘴巴了。

我们将图 8-10 中的每一小格都计为 20 个像素（图像中的一个最小单位），因此，我们所绘制的笑脸将会有 100 个像素那么高，在大多数计算机屏幕上，这差不多等于 1 英寸（25.4 毫米）。由于圆的直径是 100 像素，这意味着其半径为 50 像素。之所以需要半径，是因为 turtle 模块的 circle()命令默认半径作为参数。t.circle(50)命令绘制半径为 50 像素的一个圆。

circle()函数直接在海龟的当前位置（x，y）上绘制了一个圆。我们需要知道这个位置，以便正确地放置眼睛和嘴巴，所以我们绘制笑脸使其底边刚好位于原点(0,0)上。我们可以添加每个部分的坐标[①]，通过参照笑脸的原点(0,0)的起始坐标(x,y)，计算出需要在哪里绘制每一部分。

要绘制大的黄色的脑袋，得将钢笔的颜色设置为黄色，使其填充色为黄色，打开笔刷来填充形状，绘制圆(由于我们打开了笔刷填充，将会使用黄色填充这个圆)，当完成之后关闭笔刷填充。假设我们在程序前面定义了一个名为 t 的海龟钢笔，在当前(x,y)位置绘制作为笑脸脑袋的黄色圆圈，代码如下。

```
#Head
t.pencolor("yellow")
t.fillcolor("yellow")
t.begin_fill()
t.circle(50)
t.end_fill()
```

要使用黄色填充圆圈，需要在 t.circle(50)命令前后添加 4 行代码。

首先，我们使用 t.pencolor("yellow")将钢笔的颜色设置为黄色。

其次，我们使用 t.fillcolor("yellow")设置填充颜色。

再次，在调用 t.circle(50)命令绘制笑脸之前，告诉计算机要给所绘制的圆填充颜色，我们使用 t.begin_fill()来做到这一点。

最后，在绘制完圆之后，要用 t.end_fill()函数告诉计算机已经绘制好了有填充颜色的圆形形状。

8.3.2　绘制眼睛

眼睛大概有 10 个像素那么高，这里的 10 个像素是指直径，这样半径就是 5 个像素，因此，使用 t.circle(5)命令来绘制每一只眼睛。难处理的部分在于确定在哪里绘制眼睛。

(x,y)起始点是每一个笑脸的本地原点，而且由此可以定位图 8-10 所示的左眼。它看上去像是从原点之上大约 65 个像素、原点左边 20 个像素的地方开始。要告诉程序如何找到绘制左眼的正确位置，可以通过传递给函数一对参数(x,y)的方式。只是

① 坐标：数学上坐标的实质是有序数对，在平面图形里面用来表示某个点的位置。

需要将海龟位置从黄色脑袋开始的地方(x,y)移动到($x-20$,$y+65$)。想一想怎么编程实现呢？使用 t.setpos($x-20$,$y+65$)就可以将海龟放到左眼开始的位置了,代码如下。

```
#Left eye(左眼)
t.setpos(x - 20,y + 65)
t.fillcolor("blue")
t.begin_fill()
t.circle(5)
t.end_fill()
```

绘制右眼的代码和绘制左眼的代码几乎是相同的。从图 8-10 可以看到,右眼位于原点位置的右边 20 个像素、上面 65 个像素。使用函数 t.setpos($x+20$,$y+65$)对称地放置了右眼的位置。绘制右眼的代码如下。

```
#Right eye  (右眼)
t.setpos(x + 20,y + 65)
t.fillcolor("blue")
t.begin_fill()
t.circle(5)
t.end_fill()
```

左右眼的填充色均是蓝色,因此我们只需要将海龟设置到正确的位置,然后打开填充,绘制眼睛,最后完成填充就可以了。

8.3.3 绘制嘴巴

接下来,波波要画笑脸中最重要的部分,也就是微笑。要让微笑简单一点,波波打算绘制三条粗粗的、红色的线段来组成嘴巴。嘴巴的最左边看上去是从原点左边 25 个像素(一个网格是 20 像素)、上面 45 个像素开始的,所以,我们将海龟放在($x-25$,$y+45$)的位置来开始绘制嘴巴。将笔颜色设置为红色,宽度设置为 5,以便微笑线段比较粗并且容易看到。从微笑线段的左上角开始,我们需要到达点($x-10$,$y+20$),然后到达($x+10$,$y+20$),最后到达微笑线段的右上角,也就是($x+25$,$y+45$)的位置。注意,这些成对的点彼此是相对于 y 轴对称的,这样使得波波画的笑脸对称又漂亮。代码如下。

```
#Mouth
t.setpos(x - 25,y + 45)
t.pencolor("red")
t.width(5)
t.goto(x - 10,y + 20)
t.goto(x + 10,y + 20)
t.goto(x + 25,y + 45)
```

8.3.4 整合：绘制随机位置的笑脸函数

波波给大家分析了老大一会儿，不知道小伙伴明白了吗？这里，波波把上面的过程整合起来，让小朋友们看看完整的绘制笑脸函数，这样，你们就会懂喽。波波给这个绘制笑脸的函数取名 draw_smile(x,y)，同时给这个函数设置了两个变量 x 和 y，这两个变量是来表示笑脸开始位置的，就是黄色脑袋开始的位置。

为了让波波画的笑脸能出现在任何地方，波波要给小朋友隆重介绍一个函数 random，翻译为随机函数。在这里就用它来生成随机位置(x,y)。但是，这里的随机位置也不能太随意了，至少得在计算机屏幕范围内对吧？跑到屏幕外面去了，那就看不到了，也就没有意义了。所以我们使用了计算机屏幕的宽和高函数，即 turtle.window_width()和 turtle.window_height()，根据 y 轴对称原理，最大值是屏幕宽和高的各一半。完整的代码如下。

```
import turtle
import random
t = turtle.Pen()
t.speed(0)
t.hideturtle()
turtle.bgcolor("white")
def draw_smile(x,y):
    t.penup()
    t.setpos(x,y)
    t.pendown()
    #Head
```

```
    t.pencolor("yellow")
    t.fillcolor("yellow")
    t.begin_fill()
    t.circle(50)
    t.end_fill()
    #Left eye
    t.setpos(x-20,y+65)
    t.fillcolor("blue")
    t.begin_fill()
    t.circle(5)
    t.end_fill()
    #Right eye
    t.setpos(x+20,y+65)
    t.fillcolor("blue")
    t.begin_fill()
    t.circle(5)
    t.end_fill()
    #Mouth
    t.setpos(x-25,y+45)
    t.pencolor("red")
    t.width(5)
    t.goto(x-10,y+20)
    t.goto(x+10,y+20)
    t.goto(x+25,y+45)
#在屏幕上绘制50个随机位置的笑脸
for n in range(50):
    x=random.randrange(-turtle.window_width()//2,turtle.window_width()//2)
    y=random.randrange(-turtle.window_height()//2,turtle.window_height()//2)
    draw_smile(x,y)
```

利用画笑脸函数，结合随机函数 random，在屏幕上画出 50 个随机位置的笑脸，如图 8-11 所示。

图 8-11　绘制 50 个随机位置笑脸程序运行结果

小贴士

注意：程序每次运行得到的图形位置都不一样哦，这是为什么呀？因为我们使用 random 随机函数产生的位置每次都是随机的。

8.4　海龟绘图小结

学习只有通过不断总结才能记忆得牢固，于是，波波决定对上面的学习和练习进行一个总结。波波发现，海龟绘图包含下列三个属性。

(1) 位置：在画布上，默认有一个坐标原点为画布中心的坐标轴，坐标原点上有一只面朝 x 轴正方向的小海龟。

(2) 方向：turtle 绘图中，使用位置方向描述小海龟（画笔）的状态。

(3) 画笔：画笔的属性、颜色，画线的宽度。

海龟绘图窗口的原点(0,0)在正中间。默认情况下，海龟向正右方移动。操纵海龟绘图有着许多的命令，这些命令可以划分为表 8-1 中的运动命令、表 8-2 中的画笔控制命令和表 8-3 中的全局控制命令这三类命令。

表 8-1　运动命令

函　　数	说　　明
forward(d)	向前移动距离 d
backward(d)	向后移动距离 d
right(degree)	向右转动多少度
left(degree)	向左转动多少度
goto(x,y)	将画笔移动到坐标为(x,y)的位置
stamp()	复制当前图形
speed(speed)	画笔绘制的速度,取值为 0～10 的整数

表 8-2　画笔控制命令

函　　数	说　　明
down()	画笔落下,移动时绘制图形
up()	画笔抬起,移动时不绘制图形
setheading(degree)	海龟朝向,degree 代表角度
reset()	恢复所有设置
pensize(width)	画笔的宽度
pencolor(colorstring)	画笔的颜色
fillcolor(colorstring)	绘制图形的填充颜色
circle(radius, extent)	绘制一个圆形,其中 radius 为半径,extent 为度数,例如若 extent 为 180,则画一个半圆;如要画一个圆形,可不必写第二个参数

表 8-3　全局控制命令

函　　数	说　　明
turtle.clear()	清空 turtle 窗口,但是 turtle 的位置和状态不会改变
turtle.reset()	清空窗口,重置 turtle 状态为起始状态
turtle.undo()	撤销上一个 turtle 动作
turtle.isvisible()	返回当前 turtle 是否可见
turtle.write(s[,font=("font_name",font_size,"font_type")])	写文本,s 为文本内容,font 是字体的参数,里面分别为字体名称,大小和类型;font 为可选项,font 的参数也是可选项

8.5　需要掌握的单词

turtle　海龟，龟

visible　可见的，明显的

stamp　邮票，印，章，戳

fill　填补，使充满

forward　向前，前进

speed　速度，速率

8.6　动动脑

（1）如何用海龟绘图绘出如图 8-12 所示的同心圆？

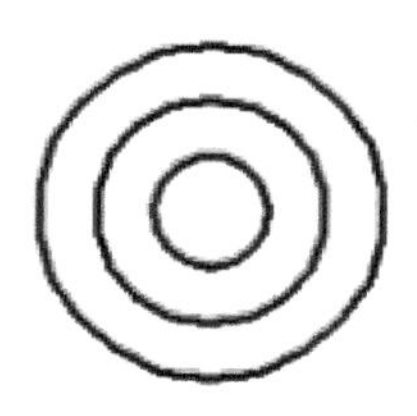

图 8-12　同心圆

（2）结合前面学过的知识，用海龟绘图画出一个每条边颜色都不一样的七彩的正七边形。

（3）平面直角坐标系在海龟绘图里特别重要，想想看，平面直角坐标系和我们学过的数轴有什么关系吗？画一个平面直角坐标系，并标出 A(3,2)，B(2,3)，C(−2,−3)，D(0,−3)的位置。

第9章

Python趣味案例

能说算不上什么，有本事就把你的代码给我看看。

——林纳斯·托瓦兹

9.1 随机的乐趣和游戏——纸牌游戏

今天波波与小伙伴玩了纸牌游戏，波波觉得很有意思，决定用程序来实现。

让纸牌游戏变得有趣的是它的随机性。只要没有两轮牌是完全一样的，我们就可以一次次玩下去并且不会感到厌烦。

波波接下来要利用所学的知识来编写一个简单的纸牌游戏。初次尝试的时候，不会显示图形化的牌(我们现在还没解锁这个技能，需要更多的知识才能实现这一点)，但是只要使用数组、列表或字符串，就可以随机地生成纸牌的名字(如："方块 2""红桃 K")。我们可以编写一个简单的小游戏，其中两个玩家每人从桌面随机抽取一张纸牌，拥有较高牌面值的玩家胜出。只需要一些方法来计算牌面值，看看谁的牌面值更高。

让我们一步一步地看看是如何实现这个游戏的。

9.1.1 制牌

首先,需要在程序中构建一副“纸牌”。我们现在还没有图形化的技能,只能通过牌的名字来模拟。其实纸牌的名字只是字符串而已,我们可以构建字符串数组。

数组是一个有序或有编号的相似内容的集合。Python 中,列表可以充当数组的作用。本节将介绍如何将列表当作数组处理,以便每次访问数组中的单个元素。

我们先来创建一个 52 张牌名的列表(cards),代码如下。

```
cards = ["方块 2","方块 3","方块 4","方块 5"… ]
```

但是,如果我们把 52 个牌名都输入,就浪费了很大的精力,等真正开始写程序时,已经筋疲力尽了。波波想真正的程序员肯定不会像这样干体力活,一定有好的解决办法。

然后,波波开始思考了。牌名的类型都是重复的,波波想让计算机做重复性的工作。牌的花色名称为方块,红桃,梅花和黑桃,每一种花色将会分别重复 13 次。牌面值为从 2 到 A,每一种值重复 4 次,因为一共有 4 种花色。

遇到重复性工作时,使用循环可以使问题简单很多。那么对于虚拟纸牌能不能也使用循环来实现呢?答案是肯定的。但是,真正玩游戏的时候,我们并不需要一整副牌,只需要两张牌:计算机的牌和玩家的牌。目前看来一个循环还不能够帮助我们避免重复所有这些花色和牌面值,还需要进一步分解问题。

先从一张牌开始。一张牌的名字包含了牌面值和花色。这看上去可能像字符串的列表:表示牌面值的一个列表和表示花色的一个列表。我们可以从 13 种可能牌面值的列表中随机地选择一个牌面值,然后再从 4 种可能的花色中随机地选择一个花色名。这种方法可以生成桌面上任意的单张牌。我们用两个较短的数组 suits 和 faces 来替代长长的 cards 数组,代码如下。

```
suits = ["方块","红桃","梅花","黑桃"]
faces = ["2","3","4","5","6","7","8","9","10","J","Q","K","A"]
```

波波成功地将输入 52 个词语减少到了输入 17 个词语!这就是聪明的编程方法。

接下来，波波教给大家如何使用上述代码所示的两个数组来发牌。

9.1.2 发牌

在学习发牌之前，还需要来学习一个新技巧——随机数的生成。我们可以用 random 模块来实现。

首先，必须使用 import random 命令来导入 random 模块。这个模块有几个不同的函数，可以用于生成一个随机数。我们使用 randint()来生成随机的整数。该函数需要给它两个参数：即我们想要的最小的值和最大的值，告诉 randint()随机数的选取范围。例如，在 IDLE 中输入如下所示代码。

```
>>> import random
>>> random.randint(1,100)
7
```

Python 会给出 1～100 的一个随机数作为回应。波波尝试几次 random.randint(1,100)函数，得到结果如下。

```
>>> random.randint(1,100)
45
>>> random.randint(1,100)
69
>>> random.randint(1,100)
18
>>> random.randint(1,100)
43
>>> random.randint(1,100)
89
>>> random.randint(1,100)
43
```

如果运行次数足够多，波波发现数字有时候是重复的，但是数字之间是没有什么规律的，这种数字称为伪随机数(pseudorandom)，因为它们并不是真随机，只是看上去似乎是随机的。

random.randint()函数可以产生随机数，但是并不能满足发牌过程要求。要实现随机发牌，我们使用 random 模块中的另一个方法 random. choice()来实现。该函数可以接受一个列表或其他的集合作为参数，返回从该集合中随机选取的一个元素。因此，要发一张牌，我们使用 random. choice()分别从 faces 列表和 suits 列表中选取牌面值和花色名。一旦有个牌面值和花色，就可以得到完整的牌名，代码如下。

```
>>> import random
>>> suits = ["方块","红桃","梅花","黑桃"]
>>> faces = ["2","3","4","5","6","7","8","9","10","J","Q","K","A"]
>>> face = random.choice(faces)
>>> suit = random.choice(suits)
>>> print("我的牌是:",suit,face)
我的牌是: 梅花 4
```

现在，已经可以得到一张随机的牌了，距离我们的游戏更近了一步，但是还需要一些方法来比较计算机的牌和用户牌，来确定输赢。

9.1.3 牌值比拼

波波之所以按照升序排列牌面值，是为了牌值比拼的时候好操作。确定两张牌中谁的牌值更高，这很重要，因为在这个游戏中，每次都是牌面值高的玩家获胜。

由于波波的巧妙安排，我们可以通过判断两张牌的牌面值在列表中的位置，来确定谁的牌面值更高。在前面我们学习过，列表或数组中元素的位置或编号，叫做该项的索引(index)，通常使用索引来引用数组中的每一项。

当创建列表的时候，Python 自动为列表中的每一个值分配一个索引。计算机是从 0 开始计数的。找出列表中某一元素的索引的函数是. index()，在 Python 中，它可以用于任何的列表或数组。例如，要找出 suits 列表中花色名“方块”的索引，可以使用函数 suits. index(“方块”)。接下来，大家跟随波波一起到 Python Shell 中尝试一下吧，代码如下。

```
>>> suits = ["方块","红桃","梅花","黑桃"]
>>> suits.index("方块")
```

```
0
>>> suits.index("梅花")
2
>>> suits.index("黑桃")
3
```

通过 suits 列表，波波演示了如何获取列表元素的索引。接下来，波波带大家看看怎样通过索引来比较牌面值的大小。波波按照从 2 到 A 的顺序创建了 faces 列表，因此值 2 的索引是 0；值 A 的索引是 12。我们可以使用索引来测试牌面值的大小，索引大牌面值大(这里假设 2 是最小的，如果 2 是最大的，我们把 2 放到 A 的后面即可)。如果生成了两个随机的牌面值，可以将两个牌面值的索引进行比较，代码如下。

```
import random
suits = ["方块","红桃","梅花","黑桃"]
faces = ["2","3","4","5","6","7","8","9","10","J","Q","K","A"]
my_face = random.choice(faces)
your_face = random.choice(faces)
print("我的牌面值是:",my_face,",你的牌面值是: ",your_face)
if faces.index(my_face)> faces.index(your_face):
    print("所以,我赢了!")
else :
    print("所以,你赢了!")
```

运行结果如图 9-1 所示。

```
Python 3.7.4 Shell
File Edit Shell Debug Options Window Help
Python 3.7.4 (tags/v3.7.4:e09359112e, Jul  8 2019, 20:34:20) [MSC v.1916 64 bit
(AMD64)] on win32
Type "help", "copyright", "credits" or "license()" for more information.
>>>
======== RESTART: C:/Users/Administrator/Desktop/python编书/第9章/9-7.py =======
=
我的牌面值是: 4 ,你的牌面值是:  Q
所以, 你赢了!
>>>
```

图 9-1　牌面值比较程序运行结果

在上述程序中，波波两次使用 random. choice()，从 faces 列表中提取两个随机值，然后使用 faces. index()分别获取两个值的索引值，最后通过比较两个值的索引值的大小，最终得出牌面值大小的比较结果。

9.1.4　循环走起来

我们需要的最后一项工具是一个循环，以便让用户能够持续地玩游戏。首先，我们需要确定要使用哪一种循环。常用的循环有两种：for 循环和 while 循环。for 循环通常意味着我们知道想要做某件事情的具体次数。由于通常无法预测某个游戏要玩多少次，这里用 for 循环不太合适。while 循环可以持续循环，直到某个条件变为假。while 循环适合用于游戏循环。

while 循环需要检查一个条件。波波打算创建一个初值为 True 的变量 go_on，用作循环结束的标志。由于 go_on 的初始值是 True，所以程序至少循环一次。

接下来，我们每次循环开始之前，都会询问用户是否想要继续游戏。当用户不想继续游戏的时候，只需要输入“N”，代码如下。

```
opt = input("退出游戏请输入 N,继续请输入其他: ")
if opt == "N":
    go_on = False
else:
    go_on = True
```

波波将变量 opt 设置为输入函数的结果，然后通过 if 选择语句根据用户输入，决定 go_on 的值，最后再根据 go_on 的值决定是否继续循环，波波还添加了 while 循环，只要 go_on 的值一直为 True，循环就会继续下去。代码如下。

```
import random
suits = ["方块","红桃","梅花","黑桃"]
faces = ["2","3","4","5","6","7","8","9","10","J","Q","K","A"]
go_on = True
while go_on:
    my_face = random.choice(suits) + random.choice(faces)
```

```
    your_face = random.choice(suits) +  random.choice(faces)
    print("我的牌是：",my_face,",你的牌是：",your_face)
#牌的第3个字符表示是牌面值,下标是2
    if faces.index(my_face[2])> faces.index(your_face[2]):
        print("所以,我赢了!")
    else:
        print("所以,你赢了!")
    opt = input("退出游戏请输入N,继续请输入其他：")
    if opt == "N":
        go_on = False
    else:
        go_on = True
```

9.1.5 让游戏跑起来

目前,我们基本具备了开发纸牌游戏的所有组件,接下来波波要将这些组件组合起来最终实现游戏：计算机同时为自己和玩家抽取一张"纸牌",查看哪张牌面值更大,然后宣布获胜者。

运行以上代码,结果如图 9-2 所示。玩几个回合你就会注意到牌是随机的,这足以让该游戏变得有趣！

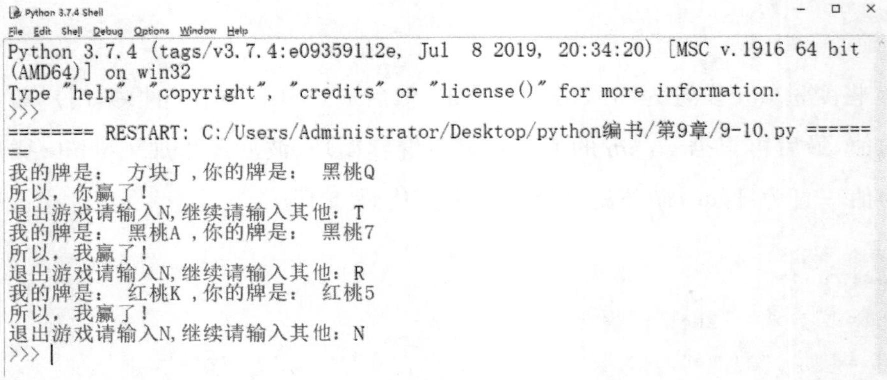

```
Python 3.7.4 Shell
File Edit Shell Debug Options Window Help
Python 3.7.4 (tags/v3.7.4:e09359112e, Jul  8 2019, 20:34:20) [MSC v.1916 64 bit
(AMD64)] on win32
Type "help", "copyright", "credits" or "license()" for more information.
>>>
======== RESTART: C:/Users/Administrator/Desktop/python编书/第9章/9-10.py ======
==
我的牌是： 方块J ,你的牌是： 黑桃Q
所以, 你赢了!
退出游戏请输入N,继续请输入其他：T
我的牌是： 黑桃A ,你的牌是： 黑桃7
所以, 我赢了!
退出游戏请输入N,继续请输入其他：R
我的牌是： 红桃K ,你的牌是： 红桃5
所以, 我赢了!
退出游戏请输入N,继续请输入其他：N
>>> |
```

图 9-2 纸牌游戏

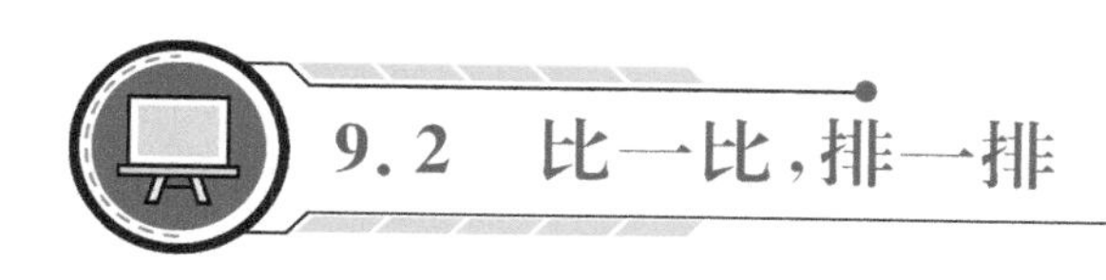

9.2 比一比,排一排

9.2.1 前后交换——冒泡排序

每周一波波的学校都要进行升国旗仪式,要求每个班的小朋友按个子由矮到高排队,老师把这个任务交给了作为班长的波波。

想想班上 30 个小朋友,身高都在 120~140cm,一个个排队要排到什么时候啊! 波波决定向程序员爸爸求救,结果爸爸给波波讲了一种叫作“冒泡排序”的方法。

假设有 n 个元素需要排序,冒泡排序的具体操作过程如下(假设进行从小到大排序)。

(1) 第一轮排序:以第一个位置的元素为目标,依次比较后面元素和第一个位置元素的大小,如果第一个位置元素大于后面位置元素,则进行交换,一直比较到最后位置的元素,经过本轮排序最小的元素被放在了最前面。

(2) 第二轮排序:从第二个位置的元素开始,依次比较到最后位置的元素,同第(1)步操作原理,先比较,再交换。经过本次排序,将本轮最小的元素(即第二小的元素)放到了第二个位置。

(3) 第三轮排序:从第三个位置元素开始,到最后位置元素,同之前一样,先比较,再交换,经过本次排序,将本轮最小的元素(即第三小元素)放到了第三个位置。

(4) ……

(5) 第 $n-1$ 轮排序:从第 $n-1$ 个位置的元素开始,到最后位置元素(即第 n 个位置元素),先比较,如果前面的大于后面元素则交换。此时,只需要比较一次即可。经过本次排序,将本轮最小的元素(即第 $n-1$ 小元素)放到了第 $n-1$ 个位置,剩下的就是最大的元素,放在最后的位置,至此排序结束。

经过爸爸的讲解,波波发现,对于 n 个元素进行“冒泡排序”,共需要 $n-1$ 轮排序,并且每轮排序的元素个数不同。波波爸爸提醒小朋友们,在上面的分析中最开始比较的元素位置是从 1 开始的,而序列的序号最小是从 0 开始的。波波写了一个给 9 个学生排序的例子,具体代码实现如下。

```
def bubble_sort(height_list):#冒泡排序函数
    for i in range(len(height_list) - 1):
        for j in range(i,len(height_list)):
            if(height_list[i]> height_list[j]):
                tmp = height_list[i]
                height_list[i] = height_list[j]
                height_list[j] = tmp
        print("第",i + 1,"轮:",height_list)
    return height_list
height_list = [120,122,135,134,122,137,121,139,133]
bubble_sort(height_list)
print(height_list)
```

运行结果如图 9-3 所示。

```
Python 3.7.4 Shell
File Edit Shell Debug Options Window Help
Python 3.7.4 (tags/v3.7.4:e09359112e, Jul  8 2019, 20:34:20) [MSC v.1916 64 bit
(AMD64)] on win32
Type "help", "copyright", "credits" or "license()" for more information.
>>>
=============== RESTART: C:/Users/Administrator/Desktop/ff.py ===============
第 1 轮: [120, 122, 135, 134, 122, 137, 121, 139, 133]
第 2 轮: [120, 121, 135, 134, 122, 137, 122, 139, 133]
第 3 轮: [120, 121, 122, 135, 134, 137, 122, 139, 133]
第 4 轮: [120, 121, 122, 122, 135, 137, 134, 139, 133]
第 5 轮: [120, 121, 122, 122, 133, 137, 135, 139, 134]
第 6 轮: [120, 121, 122, 122, 133, 134, 137, 139, 135]
第 7 轮: [120, 121, 122, 122, 133, 134, 135, 139, 137]
第 8 轮: [120, 121, 122, 122, 133, 134, 135, 137, 139]
[120, 121, 122, 122, 133, 134, 135, 137, 139]
>>> |
```

图 9-3 排序结果

从图 9-3 所示的结果可以看出,身高列表共有 9 个元素,共进行了 8 轮排序,每轮将最小的一个数放到了本轮的最前面。终于可以完成老师交给波波的任务了。对于 30 人的身高,只需要更改一下 height_list 列表元素即可。

9.2.2 最优与最劣——选择排序

波波不仅是班长,还是数学课代表,所以每到学期末是波波最忙的时候,因为老师会让波波找出数学成绩最好和最差的学生。但是自从波波学习了编程之后,这些工作对于波波来说已经是小菜一碟了,波波的代码(以 8 位同学为例)如下。

```
data = [88,89,98,67,87,77,98,88]
max_data = min_data = data[0]
max_index = min_index = 0
for i in range(1,len(data)):
    if(data[i]> max_data):
        max_data = data[i]
        max_index = i
    if(data[i]< min_data):
        min_data = data[i]
        min_index = i
print("最高分是：",max_data,"最低分是：",min_data)
```

后来老师已经不满足于只找出最高和最低成绩了，还要求波波对所有同学的成绩进行排序(按从最高分到最低分的降序)。具体该怎样做呢？9.1 节提到的“冒泡排序”可以做到，但是波波今天想介绍一种新的方法——选择排序。波波先将所有同学的成绩保存为一个列表。然后找出其中最大的，再把它添加到一个新的列表中。把列表中的数据从头到尾看一遍，称为遍历。第一次遍历，找到成绩最高的同学，把它添加到一个新的列表中，然后再次遍历，找出成绩第二的同学添加到新列表的后面，直到所有同学的成绩都加入新的列表中。其实，“选择排序”可以分解为两个步骤。

(1) 遍历所有元素，找出最大值并写入新列表。

(2) 重复第(1)步，将得到的值写入新列表的后面。

接下来，波波带大家通过代码来完成这个排序，代码如下。

```
def find_max(data):# 找出列表的最大值
    max_index = 0
    max_data = data[0]
    for i in range(1,len(data)):
        if(data[i]> max_data):
            max_data = data[i]
            max_index = i
    return max_index
def selectSort(data):# 选择排序
    new_data = []
    for i in range(len(data)):
```

```
        max_index = find_max(data)
        new_data.append(data.pop(max_index))
    return new_data
score = [88,89,98,67,87,77,98,88]
print("成绩排行榜：",selectSort(score))
```

运行程序结果如图 9-4 所示。有了这些排序方法，波波再也不担心老师安排的任务完成不了了。

```
Python 3.7.4 Shell
File Edit Shell Debug Options Window Help
Python 3.7.4 (tags/v3.7.4:e09359112e, Jul  8 2019, 20:34:20) [MSC v.1916 64 bit
(AMD64)] on win32
Type "help", "copyright", "credits" or "license()" for more information.
>>>
======== RESTART: C:/Users/Administrator/Desktop/python编书/第9章/9-15.py ======
==
成绩排行榜： [98, 98, 89, 88, 88, 87, 77, 67]
>>>
```

图 9-4　排序结果

9.3 猜猜看

9.3.1 猜数字

猜数字（又称 Bulls and Cows ）是一种古老的的密码破译类益智小游戏，起源于 20 世纪中期，一般由两个人或多人玩，也可以由一个人和计算机玩。

游戏效果：系统自动生成一个随机整数然后提示用户开始；用户输入一个数字，系统进行判断，如果符合就告知“猜对了”并结束游戏；如果不正确，则告诉用户该数字比实际数字大还是小；用户猜出数字之后，系统告知用户本次猜数字总共的次数；如果用户输入 0，则中止游戏。

设计思路：首先，系统能够产生一个随机数；提示用户可以开始猜数字了；用户输入一个数字，并开始计猜测次数；猜数字可能是一个反复进行的循环过程，在没有猜中的情况下需要不断重猜，所以循环的控制条件是猜的数字不等于正确数字；判断用户输入的数字是否是退出命令，如果是，结束循环；判断用户输入的数字和正确数字的关系，如果不相等，给出提示并继续。游戏实现代码如下。

```
print('————————————猜数字游戏—————————————————')
print('给你三次机会猜出我心里想的数字(0～10)')
secret = input("我心里想的数是(0～10)?: ")
cnt = 0
while cnt < 3: # 判断是否达到最大次数，未达到时继续循环
    tmp = input("请输入你猜的数字: ") # 提示用户输入
    if tmp == secret: # 判断用户输入是否正确，正确时执行该分支
        print("真棒，你猜对了！")
        break
    else: # 用户输入错误时执行该分支
        print("你猜错了，继续加油吧！你还有",2 - cnt, "次机会")
    cnt += 1 # 每次循环后，次数自动加 1
print("游戏到此结束啦^_^")
```

上述的猜数字游戏的代码对于猜错的情况，没有提示，这样就增加了游戏的难度。运行结果如图 9-5 所示，波波让爸爸猜了 3 次都没有猜出来。

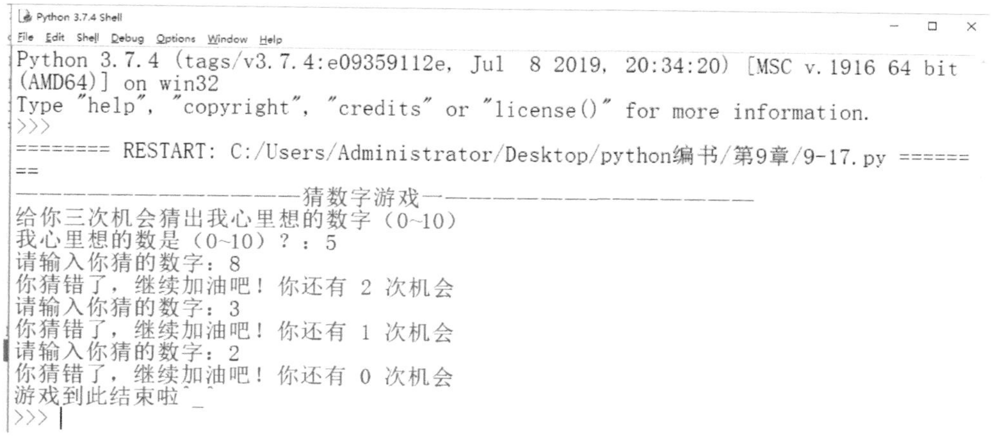

```
Python 3.7.4 Shell
File Edit Shell Debug Options Window Help
Python 3.7.4 (tags/v3.7.4:e09359112e, Jul  8 2019, 20:34:20) [MSC v.1916 64 bit
(AMD64)] on win32
Type "help", "copyright", "credits" or "license()" for more information.
>>>
======== RESTART: C:/Users/Administrator/Desktop/python编书/第9章/9-17.py ======
==
————————————猜数字游戏—————————————————
给你三次机会猜出我心里想的数字（0~10）
我心里想的数是（0~10）？：5
请输入你猜的数字：8
你猜错了，继续加油吧！你还有 2 次机会
请输入你猜的数字：3
你猜错了，继续加油吧！你还有 1 次机会
请输入你猜的数字：2
你猜错了，继续加油吧！你还有 0 次机会
游戏到此结束啦^_^
>>>
```

图 9-5 数字游戏的程序运行结果

于是，波波灵机一动，想到可以在代码中增加一个判断语句，就是在猜错的时候判断，猜的数字与正确数字的大小，如果大于正确数字就提示“猜大了”，如果小于正确数字就提示“猜小了”，改进的代码如下。

```
print('———————————————猜数字游戏二————————————————————')
import random #导入随机数生成模块
secret = random.randint(1,100) #随机生成1～99的数
print('根据提示猜出我心里想的数(1～100),猜对为止!')
print(secret)
guess = input("请猜一下我心里的数字吧:") #提示用户输入数字
while int(guess )!= secret:#判断用户输入是否正确,不正确时继续循环
    if int(guess ) == secret:#用户猜对,执行该分支给出提示
        print("宝宝真棒,你猜中了!")
    else:#用户未猜对,执行该分支
        if int(guess ) > secret: #根据用户输入和真实值大小关系给出用户提示信息
            print("嘿,大了,大了～～～")
        else:
            print("嘿,小了,小了～～～")
    guess = input("请重新输入吧:")
print("恭喜你猜对了,游戏结束,不玩啦^_^")
```

其运行结果如图 9-6 所示,第一次输入 100 的半数 50,提示猜大了,于是再猜 50 的半数 25……这种猜数字的方法叫二分法,使用这种方法能较快猜到正确的数字。

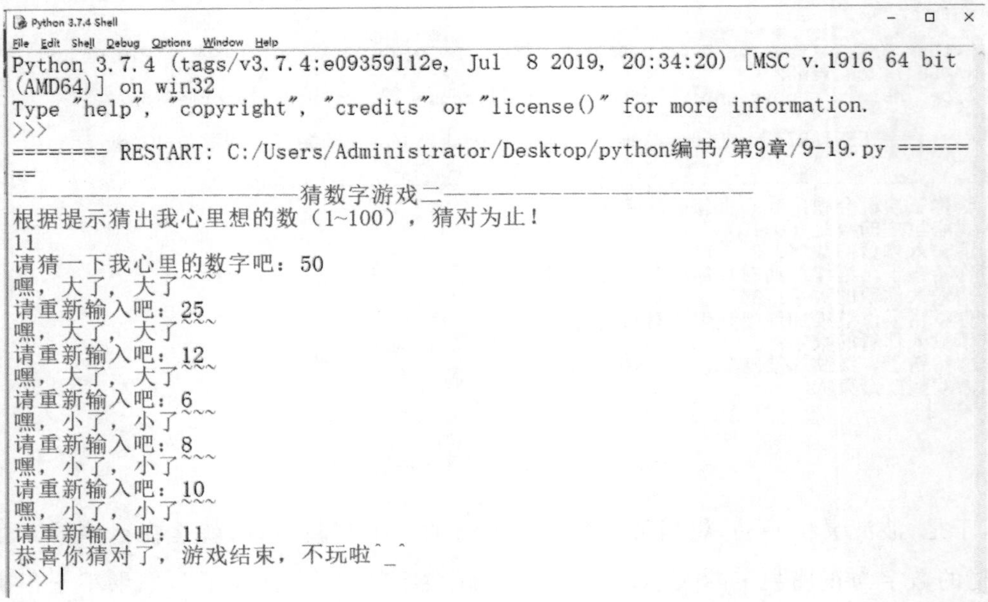

```
Python 3.7.4 Shell
File Edit Shell Debug Options Window Help
Python 3.7.4 (tags/v3.7.4:e09359112e, Jul  8 2019, 20:34:20) [MSC v.1916 64 bit
(AMD64)] on win32
Type "help", "copyright", "credits" or "license()" for more information.
>>>
======== RESTART: C:/Users/Administrator/Desktop/python编书/第9章/9-19.py ======
==
————————————————猜数字游戏二——————————————————
根据提示猜出我心里想的数（1~100），猜对为止！
11
请猜一下我心里的数字吧：50
嘿，大了，大了~~~
请重新输入吧：25
嘿，大了，大了~~~
请重新输入吧：12
嘿，大了，大了~~~
请重新输入吧：6
嘿，小了，小了~~~
请重新输入吧：8
嘿，小了，小了~~~
请重新输入吧：10
嘿，小了，小了~~~
请重新输入吧：11
恭喜你猜对了，游戏结束，不玩啦^_^
>>> |
```

图 9-6　改进版猜数字游戏的运行结果

9.3.2 猜卧底

谁是卧底也是深受很多人喜欢的游戏，起码要三人以上才能玩，在本节我们来学习一个简化的猜卧底游戏。

游戏效果：首先随机给玩家分配“平民”和“卧底”身份，然后给定三次机会，猜出你认为是卧底的玩家，猜中或次数用完游戏结束。

设计思路：根据玩家数以及随机生成的卧底序号创建玩家身份列表。列表确定后，给每位游戏者三次机会猜出卧底，猜中或次数用完给出提示后游戏结束。

游戏实现代码如下。

```
print('---------- 三次机会,猜猜谁是卧底! ---------------')
import random
num = int(input('请输入玩家数(>=3): \n'))
if num < 3:
    print('人数不够,请输入>=3 的人数')
wodi_num = random.randint(1,num) #第几个人是卧底
print(wodi_num)
word = [] #给他们指定身份列表
for i in range(1,num+1):
    word.append('平民')
    if i == wodi_num:
        word[i-1] = '卧底'
print(word)
cnt = 0
flag = 1
while cnt < 3:
    answer = int(input("请输入你认为是卧底人的序号:"))
    if answer == wodi_num:
        print ("宝宝恭喜你,猜对了!")
        flag = 0
        break
    else:
        print("好遗憾这次没中,宝宝要加油哦!还有 %d 次机会" % (2 - cnt))
    cnt = cnt + 1
if cnt == 3 and flag == 1:
    print('机会用完了哟,游戏结束!')
```

上述代码运行结果如图 9-7 所示。

```
Python 3.7.4 Shell
File Edit Shell Debug Options Window Help
Python 3.7.4 (tags/v3.7.4:e09359112e, Jul  8 2019, 20:34:20) [MSC v.1916 64 bit
(AMD64)] on win32
Type "help", "copyright", "credits" or "license()" for more information.
>>>
======== RESTART: C:/Users/Administrator/Desktop/python编书/第9章/9-21.py ======
==
----------三次机会，猜猜谁是卧底！--------------
请输入玩家数(>=3):
5
1
['卧底', '平民', '平民', '平民', '平民']
请输入你认为是卧底人的序号:2
好遗憾这次没中，宝宝要加油哦！还有2次机会
请输入你认为是卧底人的序号:1
宝宝恭喜你，猜对了！
>>>
```

图 9-7 猜卧底游戏运行效果

9.4 需要掌握的单词

find 查找

club 俱乐部，(扑克牌)梅花

diamond 方块，钻石

max 至多

random 随机的

choice 选择

face 表面

suit 外衣

9.5 动动脑

(1) 小朋友们知道水仙花数吗？水仙花数是一个三位数，其各位数字的立方(三个同样的数连乘就叫做这个数的立方)之和等于该数字本身。请编程输出所有的水仙花数。

(2) 编写程序来模拟概率实验：模拟掷骰子 10000 次，统计得到各点数(1～6 点)的概率(提示：需要用到随机数生成函数)。

第10章

二进制的世界

世界上只有两种编程语言：要么充满了抱怨，要么没人使用。

10.1　二进制：从易经八卦说起

10.1.1　八卦

今天波波听大人们说计算机里面最关键的计数机制与中国传统文化中的八卦有关系。波波有了兴趣，决定找资料研究一下。

八卦，见于《周易》，相传由伏羲创造，是中国古人认识世界时对事物的归类方法。《史记·太史公自序》："伏羲至纯厚，作易八卦"。《易传·系辞上传》："易有太极，是生两仪，两仪生四象，四象生八卦"。八卦是表示事物自身变化的阴阳系统。

"太极"是阴阳始分而未分离的状态。太极图由阴鱼和阳鱼环抱而成，鱼在我国古代有生命、繁衍、富足、和谐等多种含义，这些恰恰都是太极的象征意义。其中阴鱼的鱼眼是阳性的，而阳鱼的鱼眼是阴性的，就是阴中有阳、阳中有阴的直观表达，如图 10-1 所示。

图 10-1　太极图

“两仪”就是“阴”和“阳”。太极生两仪，是宇宙根本力量的第一变。古代为了方便表达，用“▬”代表阳，用“▬ ▬”代表阴。在这一变完成以后，就产生了一个一级的“阴”和一级的“阳”。然而这两个一级的“阴”和“阳”内部仍然存在阴阳的力量的作用，还是会继续演变。这样的结果，一级的“阴”就产生了“阴中之阴”——太阴和“阴中之阳”——少阳；一级的“阳”就产生了“阳中之阴”——少阴和“阳中之阳”——太阳。太阴、少阳、少阴、太阳是第二级的阴阳组合，统称为“四象”。这个过程就叫作“两仪生四象”，如图 10-2 所示。

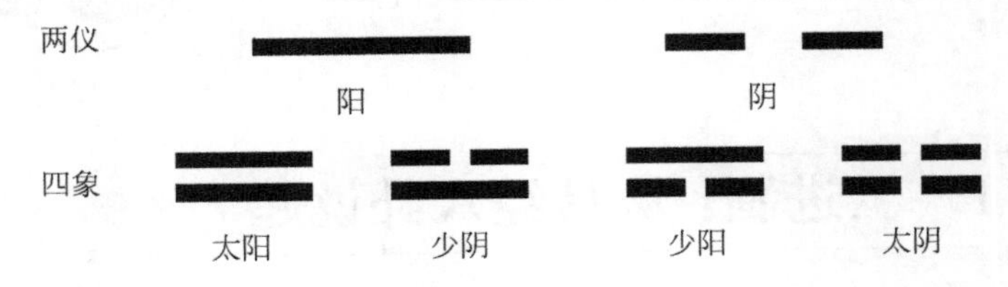

图 10-2　两仪生四象

在产生了四象的基础上，由于阴阳力量的继续作用，又生成了新的阴阳组合。太阳分解为太阳之阳——“乾”和太阳之阴——“兑”；少阴分解为少阴之阳——“离”和少阴之阴——“震”；少阳分解为少阳之阳——“巽”和少阳之阴——“坎”；太阴分解为太阴之阳——“艮”和太阴之阴——“坤”。乾、兑、离、震、巽、坎、艮、坤是第三级的阴阳组合，统称为“八卦”。这个过程则称为“四象生八卦”，如图 10-3 所示。

10.1.2　二进制是什么

波波习惯了十进制数的世界，用 0、1、2、3、4、5、6、7、8、9 这 10 个数字来代表现实世

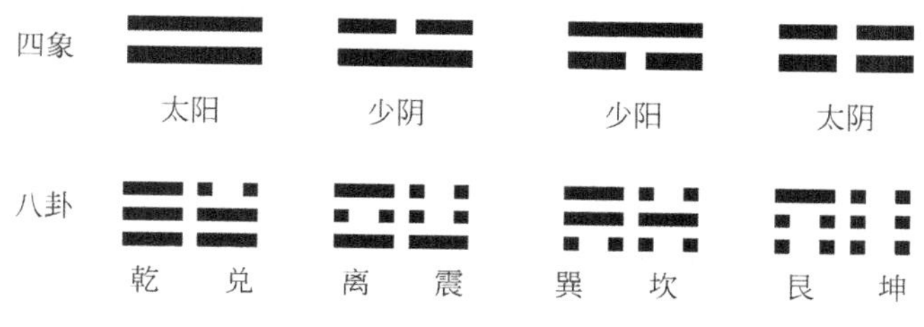

图10-3 四象生八卦

界的数字，正好对应人们的十根手指头。

可是计算机的世界是二进制数的世界，用0和1这两个数字代表所有的信息。人们发送的信息、手机程序、照片、视频都是用二进制数来存储的。

波波想：为什么计算机不用人们熟悉的十进制数呢？

波波认真地查找资料，终于找到答案啦。那是因为如果要用十进制数，计算机里的硬件要能表示和识别10种不同的状态，对应10个不同的数字，难以做到。而识别两种状态就非常简单，比如我们生活中使用的电灯开关，开灯代表1，关灯代表0。多个开关组合起来，就可以表达各种各样的数据信息了。

10.1.3 二进制与八卦的关系

小朋友们，你们觉得八卦和二进制有关系吗？系统地提出二进制观点的人是德国的数学家和哲学家莱布尼茨，也就是跟牛顿争夺微积分发明权的那个人，据说莱布尼茨是根据中国易经发明了二进制[①]。那么波波带着大伙来看看八卦和二进制到底有什么关系吧。先看看太极生两仪，两仪就是阴、阳，对应数字0和1。然后两仪生四象，四象分别对应的二进制数是00、01、10、11。再看看八卦，坤、艮、坎、巽、震、离、兑、乾分别对应的二进制数是000、001、010、011、100、101、110、111。有没有感受到祖先的智慧？在二进制没出现之前，八卦的和谐之美就已经奠定了，如图10-4所示。

数百年前，少有人明白八卦中二进制的伟大，唯有莱布尼茨洞穿数理逻辑的终极奥义。如果看到今天二进制在人类文明中所占据的位置，莱布尼茨可以对着遥远的东方重复他曾经说过的话：二进制乃是具有世界普遍性的、最完美的逻辑语言。

---

① 据胡阳、李长铎的著作《莱布尼茨二进制与伏羲八卦图考》中考证，虽然莱布尼茨到1703年才见到白晋带给他的伏羲八卦图，但是并不表示这是他首次看到伏羲八卦图，而是早在1687年，莱布尼茨就已见到伏羲八卦图了。

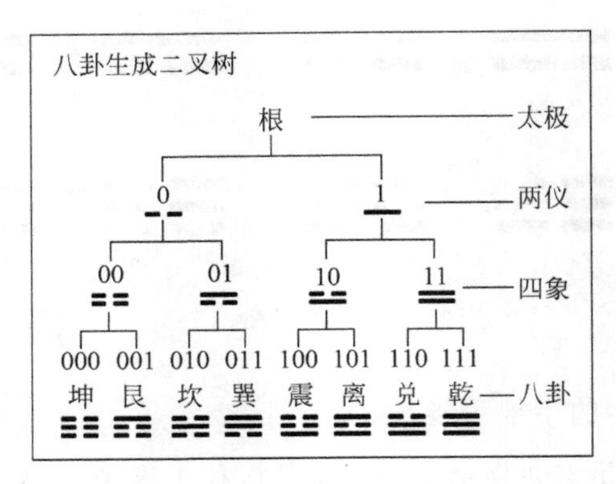

图 10-4 八卦和二进制的关系

10.2 二进制数转十进制数

小贴士 数学是一种理性的精神，使人类的思维得以运用到最完善的程度。

了解二进制数以后，我们来思考如何在二进制数和十进制数之间互相转换。首先思考一下我们熟悉的十进制数，它有个位、十位、百位、千位等。

例如 234 的个位是 4，十位是 3，百位是 2，代表它是 4 个 1，3 个 10 和 2 个 100 加起来的数字，如表 10-1 所示。

表 10-1 十进制数 234 的分析

2	3	4
百位	十位	个位
10 的 2 次方	10 的 1 次方	10 的 0 次方
100	10	1

$$234=2\times100+3\times10+4\times1$$

类似十进制数，二进制数也有不同的数位，不过是个位、二位、四位、八位、十六位等。

例如11010011的个位是1,二位是1,四位是0,八位是0,十六位是1,三十二位是0,六十四位是1,一百二十八位是1,代表它是1个1,1个2,1个16,1个64和1个128加起来得到的数字,如表10-2所示。

表10-2 二进制数11010011的分析

1	1	0	1	0	0	1	1
一百二十八位	六十四位	三十二位	十六位	八位	四位	二位	个位
7个2连乘	6个2连乘	5个2连乘	4个2连乘	3个2连乘	2乘2	2	1
128	64	32	16	8	4	2	1

$$
\begin{aligned}
11010011 &= 1\times128+1\times64+0\times32+1\times16+0\times8+0\times4+1\times2+1\times1\\
&=211
\end{aligned}
$$

这样,我们就可以把10.1节四象对应的二进制数00、01、10、11,换算成十进制数分别是0、1、2、3。然后再看看八卦(坤、艮、坎、巽、震、离、兑、乾)对应的二进制数000、001、010、011、100、101、110、111,换算成十进制数分别是0、1、2、3、4、5、6、7,八卦如此和谐,我们的祖先真聪明厉害啊!

Python自带二进制数和十进制数转换的函数:

- 用int("101",2)可以把字符串"101"代表的二进制数转换成十进制数5;
- 用bin(5)可以将十进制数5转换成二进制数101。

波波看完上面的分析过程,明白了其中的道理,想要挑战一下自己,于是开始思考自己写出二进制转换成十进制的程序,代码如下。

```
#二进制数转十进制数程序
num2 = input("请输入二进制数:")
num2Reverse = num2[::-1] #将二进制数字符串反转
num10 = 0
index = 0
for i in num2Reverse:
    if i == "1":
        num10 = num10 + 2 ** index
    index = index + 1
print(num10)
```

波波给大家讲讲这个程序的逻辑，以转换 10011 为例：

- 程序运行后，输入 10011，则 num2="10011"。
- 执行第 3 行后，num2Reverse="11001"。
- 调转位置我们可以先处理个位数。
- num2Reverse 字符串里有 5 个字符，所以循环 5 次。每次循环时，如果值是 1，则找到它的数位，将数位累加进十进制数，存在 num10 里。例如二进制数的 10011 的个位、二位、十六位是 1，那它的十进制数是 1+2+16=19。程序运行结果如图 10-5 所示。

```
Python 3.7.4 (tags/v3.7.4:e09359112e, Jul  8 2019, 20:34:20) [MSC v.1916 64 bit (AMD64)] on win32
Type "help", "copyright", "credits" or "license()" for more information.
>>>
== RESTART: C:/Users/Administrator/Desktop/Python教材编写1003/第10章/num2to10.py ==
请输入二进制数:10011
19
>>> |
```

图 10-5　输入 10011 的运行结果

表 10-3 展示了几个变量的循环过程。

表 10-3　变量的循环过程

循环次数	循环前 num10	循环前 index	i	2 ** index	i=="1"	循环后 num10	循环后 index
1	0	0	"1"	1	True	1	1
2	1	1	"1"	2	True	3	2
3	3	2	"0"	4	False	3	3
4	3	3	"0"	8	False	3	4
5	3	4	"1"	16	True	19	5

二进制数 10011 对应的十进制数是 19，与程序运行结果一致。

10.3　十进制数转二进制数

若要将十进制数转成二进制，首先需要将这个数划分为整数部分和小数部分。

对于十进制整数转二进制数可采用除二取余法，即将这个十进制整数除以 2，用每次得到的余数组成新的二进制数，可记为"除 2 取余，逆序排列"。如图 10-6 所示，将十进制数 9 除以 2，得商 4，余 1，余的 1 构成二进制的个位。接着用商 4 再除以 2，得商 2，余 0，得到二进制的二位为 0。接着用商 2 再除以 2，得商 1，余 0，得到二进制的四位为 0。接着用上一步的商 1 再除以 2，商为 0，此时停止往下除以 2，余 1，得到二进制的八位为 1。所以十进制数 9 变成二进制位 1001。

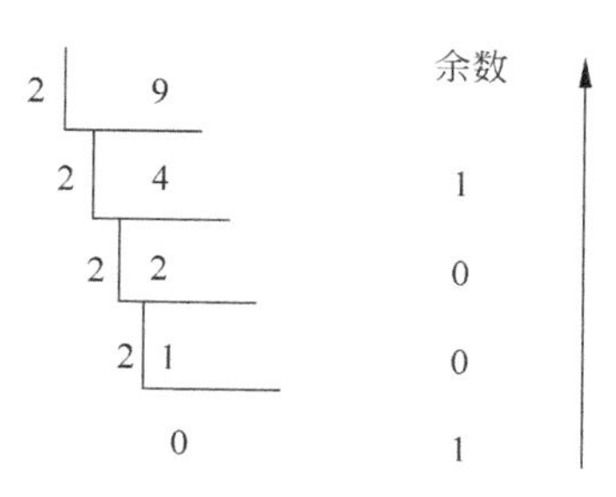

图 10-6　将十进制数 9 转换为二进制数

对于十进制纯小数转为二进制数可采用“乘二取整，顺序排列”法，即将十进制纯小数每次乘以 2，得到乘积，将乘积整数部分取出来作为结果的高位，小数部分接着乘 2 取整，一直到达到要求的小数位数或者乘积小数部分为 0 为止。如图 10-7 所示，将十进制纯小数 0.35 转换成二进制，要求位数为 5 位，则计算到第五位时，尽管小数部分不为 0 仍停止了计算，将整数部分从上往下排列得到最后转换结果是 0.01011。

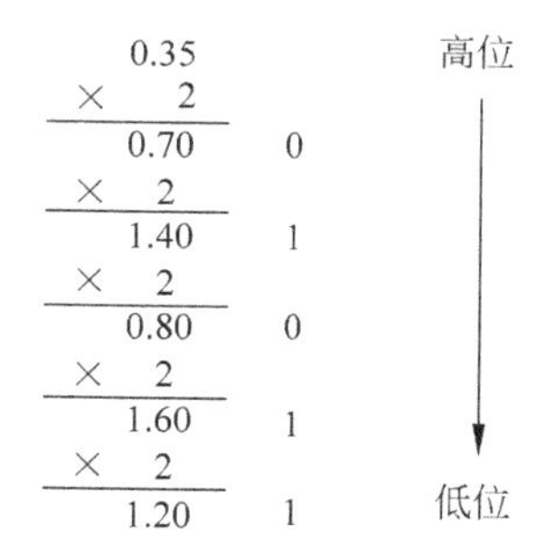

图 10-7　十进制纯小数 0.35 转换成二进制纯小数

10.4　字母也是数字：ASCII 编码表

在计算机的世界里，为了方便文字的存储和传输，文字也会用 1 和 0 来表示。而具体哪个字符用什么数字表示，就涉及具体的编码规则了。为了方便沟通，美国的计算机科学家们约定了一套通用的编码规则，称为 ASCII（american standard code for information interchange）编码，即美国信息交换标准编码。ASCII 码用 8 个二进制位来表示字母和各种控制符号，其中最高位默认为 0，故可以表示 128 个符号。

ASCII 编码中第 0～31 个字符（开头的 32 个字符）以及第 127 个字符（最后一个字符）都是不可见的（无法显示），但是它们都具有一些特殊功能，所以称为控制字符（control character）或者功能码（function code）。这 33 个控制字符大多与通信、数据存储以及老式设备有关，有些在现代计算机中的含义已经改变了。这些控制符需要一定的计算机功底才能理解，小朋友们可以跳过，只需要理解常见的符号即可。32 以后的 ASCII 编码对照表如表 10-4 所示。

表 10-4　ASCII 编码对照表（32 以后的编码）

二进制编码	十进制	字符	二进制编码	十进制	字符	二进制编码	十进制	字符
00100000	32	空格	00110111	55	7	01001110	78	N
00100001	33	!	00111000	56	8	01001111	79	O
00100010	34	"	00111001	57	9	01010000	80	P
00100011	35	#	00111010	58	:	01010001	81	Q
00100100	36	$	00111011	59	;	01010010	82	R
00100101	37	%	00111100	60	<	01010011	83	S
00100110	38	&	00111101	61	=	01010100	84	T
00100111	39	'	00111110	62	>	01010101	85	U
00101000	40	(	00111111	63	?	01010110	86	V
00101001	41	)	01000000	64	@	01010111	87	W
00101010	42	*	01000001	65	A	01011000	88	X
00101011	43	+	01000010	66	B	01011001	89	Y
00101100	44	,	01000011	67	C	01011010	90	Z
00101101	45	-	01000100	68	D	01011011	91	[
00101110	46	.	01000101	69	E	01011100	92	\
00101111	47	/	01000110	70	F	01011101	93	]
00110000	48	0	01000111	71	G	01011110	94	^
00110001	49	1	01001000	72	H	01011111	95	_
00110010	50	2	01001001	73	I	01100000	96	`
00110011	51	3	01001010	74	J	01100001	97	a
00110100	52	4	01001011	75	K	01100010	98	b
00110101	53	5	01001100	76	L	01100011	99	c
00110110	54	6	01001101	77	M	01100100	100	d

续表

二进制编码	十进制	字符	二进制编码	十进制	字符	二进制编码	十进制	字符
01100101	101	e	01101110	110	n	01110111	119	w
01100110	102	f	01101111	111	o	01111000	120	x
01100111	103	g	01110000	112	p	01111001	121	y
01101000	104	h	01110001	113	q	01111010	122	z
01101001	105	i	01110010	114	r	01111011	123	{
01101010	106	j	01110011	115	s	01111100	124	|
01101011	107	k	01110100	116	t	01111101	125	}
01101100	108	l	01110101	117	u	01111110	126	~
01101101	109	m	01110110	118	v	01111111	127	DEL

这里有一段编码后的文字，如下：

010010000110010101101100011011000110111100100001

根据 ASCII 解码，分析如下：

01001000 表示 H

01100101 表示 e

01101100 表示 l

01101100 表示 l

01101111 表示 o

00100001 表示！

所以这串二进制数组成了 Hello！这句话。

10.5　需要掌握的单词

binary　二进制数

decimal　十进位的

interchange　交换，互换

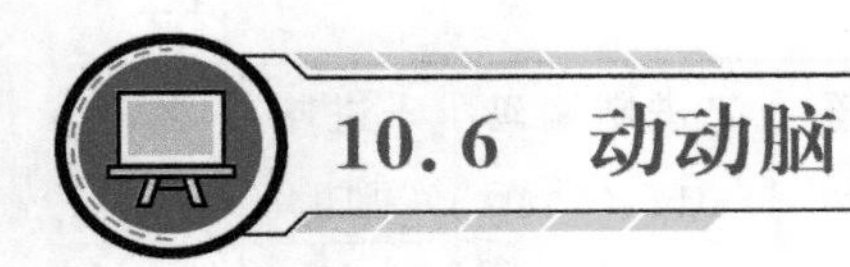

10.6 动动脑

(1) 根据 ASCII 编码规则,请将 STOP! 转换成一串二进制数。

(2) 请将下面的十进制数转换成二进制数。

① 35

② 87

③ 231

(3) 请将下面的二进制数转换成十进制数。

① 10010

② 111011

③ 11011101

(4) 小朋友们在这一章里了解了二进制数。实际上,常用的还有十六进制数,请上网查找资料,了解十六进制数是由哪几个字符组成的。

第11章

制作漂亮的图形用户界面——Tkinter界面

望着大海叹息，永远达不到成功的波岸。

超越过去，让明天的你立于不败之地。

11.1 GUI与CUI

今天天气晴朗，波波打开计算机，突然灵光一闪。能不能用Python编写出像Windows操作系统这样的图形用户界面呢？于是波波开始查资料了。原来是可以的，图形用户界面有一个专业术语叫GUI，英文全称是graphical user interface。而我们之前编写的程序都是在CUI（command user interface）上运行的，CUI是命令行用户界面，也就是基于文字的界面。GUI是基于图形的界面，有按钮、滚动条等元素，看起来美观，用起来方便。

那就让波波来给大家介绍如何使用Python的Tkinter模块给程序添加GUI界面。

11.2 介绍 Tkinter 模块

利用 Python 的 Tkinter 模块可以制作图形化用户界面，可以通过 import tkinter 或 from tkinter import * 命令导入 Tkinter 模块。

波波首先做了一个彩色按钮程序，单击一下就能变换不同颜色，如图 11-1 所示。

图 11-1 彩色按钮程序运行效果

一般的 Tkinter 程序可以分为四部分：导入模块、设置窗口（我们称为"窗体"）、设置窗体内的程序和运行窗体程序。图 11-2 展示了 Tkinter 程序的四部分。

导入模块的语句一般都是一样的，设置窗体和运行窗体也比较简单。接下来波波带着小朋友们了解如何设置窗体内的程序，包括可以将哪些控件放进窗体里和如何设置它们，以及如何给它们编写动作程序。

```
from tkinter import *
import random
window = Tk()
myButton = Button(window, text = "换颜色")
myButton.pack()
def change(event):
    colors = ["red","orange","green"]
myButton.configure(bg = random.choice(colors))
myButton.bind("<Button-1>",change)
window.mainloop()
```

(1) 导入相关的模块

(2) 新建窗体，存入变量 window 中

(3) 设置窗体内的程序，包括有哪些控件、控件长什么样（属性）、每个控件的作用

(4) 运行窗体程序

图 11-2 一般的 Tkinter 程序四部分

11.3　给窗体添加控件

建立好窗体之后，我们来学习如何设置窗体里的控件。首先来了解一下常用的控件都有哪些，表 11-1 列出了 Tkinter 常用的一些控件。

表 11-1　Tkinter 的 16 个常用控件介绍

控件	描　　述
Button	按钮控件，在程序中显示按钮
Label	标签控件，用来显示文字或图片
Entry	输入控件，用于输入文本内容
Canvas	画布控件，显示图形元素如线条或文本，提供绘图功能（直线、椭圆、多边形、矩形）
Radiobutton	单选按钮控件，显示单选按钮的状态
Checkbutton	复选框控件，一组方框，可以选择其中的任意个
Frame	框架控件，在屏幕上显示一个矩形区域，用来作为容器
Listbox	列表框控件，用于显示一个字符串列表，用户可以从中选择
Menu	菜单控件，显示菜单栏、下拉菜单和弹出菜单
Menubutton	菜单按钮控件，用于显示菜单项
Message	消息控件，类似于 Label，但可以显示多行文本
Scale	范围控件，显示一个数值刻度，可设定起始值和结束值，会显示当前位置的精确值
Scrollbar	滚动条控件，对其他组件提供滚动功能
Text	文本控件，用于显示多行文字
Toplevel	容器控件，用来提供一个独立的对话框，和 Frame 类似

接下来介绍如何将控件添加到窗体中，代码如下。

```
from Tkinter import *
window = Tk()                                  # 设置窗体内的控件
myButton = Button(window, text = "单击我")     # 控件变量名称 = 控件(父容器, 属性)
myButton.pack()                                # 控件变量名称.pack()
window.mainloop()                              # 运行窗体程序
```

在这段代码里，生成了一个按钮，将它放在父容器 window(窗体)里，设置它的显示文字为“单击我”。生成按钮后，将它们的 ID 存在 myButton 变量里，这样之后只要使用 myButton 就能找到对应的按钮。最后用 pack()将它安排在窗体里。

所有的控件都可以采用上面的方法创建。新建一个控件对象，设置好它的父容器及属性，包括该控件的宽、高、背景颜色、文本等，再用 pack()布局。创建好控件后，要告诉计算机将控件放在父容器的哪个位置。pack()就是指自动缩放调整到合适的大小位置。控件放置的顺序由 pack()代码顺序决定。

上述程序是将一个按钮添加到页面(窗体)中，运行结果如图 11-3 所示。

图 11-3　添加按钮的程序运行结果

下面再来学习添加标签、文本框、画布等控件。

我们可以在页面上添加一个标签(Label)，来显示文字。Message 和 Text 也可以用来显示文字，不过它们常用于显示多行文字，其中，使用 Text 可显示多种字体样式。下面是一个添加标签的程序代码。

```
from Tkinter import *
window = Tk()
#设置窗体内的控件
myLabel = Label(window,text = "欢迎和波波一起学编程")
myLabel.pack()
window.mainloop()
```

输入框(Entry)可以让用户输入信息，给出一个空白的输入框，如图 11-4 所示。

```
from tkinter import *
window = Tk()
#设置窗体内的控件
myEntry = Entry(window)
myEntry.pack()
window.mainloop()
```

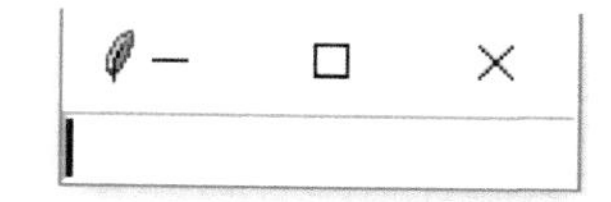

图 11-4　添加输入框(Entry)控件及效果

输入框有两个非常有用的函数,帮助读取和修改输入框的值。

```
myEntry.get()                    #读取输入框的内容
myEntry.insert(0,"Python")   #从开头(索引值为 0)开始插入第二个参数里的文字
```

画布(Canvas)可以让我们绘制线条、图案、图片,也可以用来制作动画和游戏。画布的功能十分强大,我们学习得越深就越会知道它强大的功能。下面是添加画布的程序代码。

```
from tkinter import *
window = Tk()
#设置窗体内的控件
myCanvas  =  Canvas(window)
myCanvas.pack()
window.mainloop()
```

图 11-5 展示了一个简单的空画布。

图 11-5　添加简单画布的控件及效果

11.4 给控件美颜

11.4.1 给控件设置属性的办法

之前程序中的控件看上去都十分单调，我们可以通过设置控件的属性来改变它们的颜色、字体、大小等。对窗体里控件属性的设置有两种方法，代码如下。

```
控件变量名称 = 控件(父容器,属性 1 = 值,属性 2 = 值,属性 3 = 值…)#方法 1
控件变量名称["属性"] = 值 #方法 2
控件变量名称.pack()
```

第一种方法，在创建控件时设置属性值。此时 pack()可以跟在创建控件的后面。用这种方法添加标签，程序代码如下。

```
from Tkinter import *
window = Tk()
#设置窗体内的控件
myLabel = Label(window,text = "编程欢迎你!",fg = "red",bg = "black").pack()
window.mainloop()
```

在上面的程序中，fg 是指 foreground 前景色，也就是字体颜色，而 bg 是指 background 背景色。设置这两个属性可以改变控件的颜色，程序运行结果如图 11-6 所示。

图 11-6 添加有颜色的标签

第二种方法是创建控件后，通过键值对的方式设置属性值，如 myButton["bg"] = "pink"，类似字典数据类型。使用这种方法 pack()不可以直接跟在创建控件的后面，而要等所有属性设置完成后才可以使用 pack()，代码如下所示，运行效果如图 11-7 所示。

```
from Tkinter import *
window = Tk()
#设置窗体内的控件
myButton = Button(window,text = "单击我")
myButton["bg"] = "yellow"
myButton["fg"] = "red"
myButton["height"] = 2
myButton["width"] = 15
myButton.pack()
window.mainloop()
```

图 11-7 添加有颜色的按钮

知道了属性的用法，波波想接着带大家学习各种控件的常用属性。

11.4.2 控件的常用属性

表 11-2 是波波查找资料后整理出来的按钮控件的常用属性、描述和示例。

表 11-2 按钮控件常用属性、描述和示例

属性	描述	示例
text	指定按钮上显示的文本	text="hello"
font	指定按钮上文本的字体	font="宋体 16 bold italic"
foreground 或 fg	指定按钮的前景色	fg="red"
background 或 bg	指定按钮的背景色	bg="black"
borderwidth 或 bd	指定按钮边框的宽度	bd="12px"
width	指定按钮的宽度	width=10
height	指定按钮的高度	height=2
state	指定按钮状态，disabled 表示停止使用	state="disabled"
activeforeground	单击时的前景色	activeforeground="red"
activebackground	单击时的背景色	activebackground="black"
command	指定按钮被单击时的调用函数，值为函数名	command=greeting

我们写个程序来体验一下按钮的多种属性吧，代码如下，效果如图 11-8 所示。

```
from tkinter import *
window = Tk()
#定义 hello 函数
def hello():
    print("hello")
myButton = Button(window,text = "单击我一下")
myButton["bd"] = "10px" #设置较粗的边框
#设置单击按钮背景为黄色
myButton["activebackground"] = "yellow"
#单击按钮调用 hello 函数
myButton["command"] = hello
myButton.pack()
window.mainloop()
```

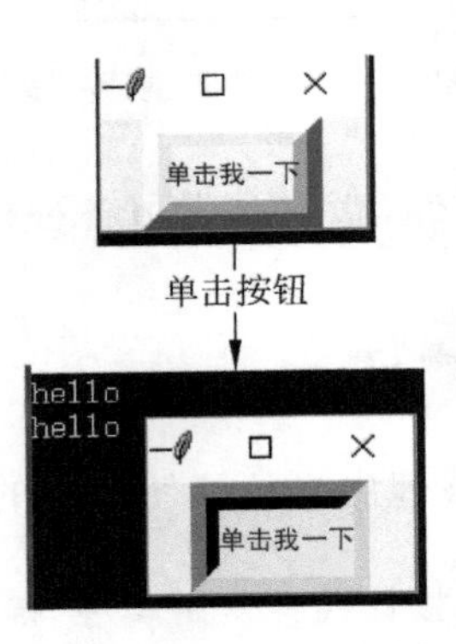

图 11-8　添加多属性按钮

标签(Label)的属性与按钮的属性类似，可以改变大小、字体和颜色。输入框(Entry)有个特别的属性 show，如果 show 为 False，那么不论输入什么文字都将显示 0，常用于隐藏密码。字体(font)属性的设置格式是“字体、字号、加粗、倾斜”，可以全部使用，也可以只使用一部分。

11.5　一触即发：事件编程

前面学习了创建控件及改变控件的样式，但仅仅是将控件拿出来摆在窗体中，操作控件没有效果，如果我们希望操作控件有效果，就需要学会事件编程。

波波今天数学作业特别多，而且他发现数学作业都是计算题，于是波波就想用计算机编程来帮忙做这些数学计算题。波波一边编程一边想："要怎样才能让按钮在单击时能够对单击有所反应呢?"这里不得不提到一个词：事件(event)。

事件是什么呢？从用户的角度讲，事件就是用户对窗体上各种图形部件进行的操作。从程序的角度讲，事件是可以被部件识别的操作。例如按鼠标的左、右键，用鼠标拖动，按下键盘的某个键等都是事件。

不同的部件能够识别的事件是有差别的。例如，窗体可以被加载，按钮可以被单击，文本框可以察觉文本变化，单选按钮或复选框可以被选中等。

一旦程序运行过程中有事件被触发，就应该执行一段事先设计好的程序，让用户得到预期的结果。这个事先设计好的程序，被称为"事件处理程序"。

为了能够实现以上行为，程序中必须有一步关键的操作——"事件绑定"。事件绑定就是把事件、事件响应和部件三方联系起来。

说了这么多，下面看看波波写的程序吧。

```
from tkinter import *
window = Tk()
sv1 = StringVar()
sv2 = StringVar()
sv3 = StringVar()
e1 = Entry(window,textvariable = sv1).pack()
label = Label(text = " + ",font = "bold").pack()
e2 = Entry(window,textvariable = sv2).pack()
myButton = Button(text = " = ",width = 5,height = 2)
myButton.pack()
e3 = Entry(window,textvariable = sv3).pack()

def add(event):
    str = int(sv1.get()) + int(sv2.get())    # 定义 add 函数,实现求和运算
    sv3.set(str)
myButton.bind("< Button - 1 >",add)          # 在按钮上绑定单击事件和 add 函数
window.mainloop()
```

运行结果如图 11-9 所示。

上面程序"myButton.bind("< Button-1 >",add)"中的 Button-1 是指按鼠标左键事

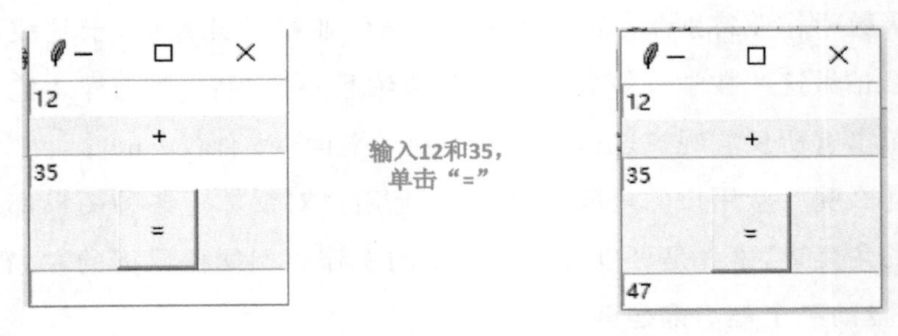

图 11-9 加法计算器运行结果

件，波波给大家列出了各类鼠标事件，如表 11-3 所示，其中 1 代表鼠标左键，2 代表中键，3 代表右键，下次要使用时就可以对照这个表来编程了。

表 11-3 各类鼠标事件

事　件	描　述
<Button-1/2/3>	按鼠标左/中/右键
<ButtonPress-1/2/3>	按下鼠标左/中/右键
<ButtonRelease-1/2/3>	释放鼠标左/中/右键
<B1/2/3-Motion>	按住鼠标左/中/右键移动
<Double-Button-1/2/3>	双击鼠标左/中/右键
<Enter>	鼠标指针进入某一控件区域
<Leave>	鼠标指针离开某一控件区域
<MouseWheel>	滚动滚轮

11.6 做个有用的小工具：桌面备忘录

波波想着：要是能有一个备忘录，固定在桌面上，提醒该做的事情，那样多好。于是，波波就开始了制作桌面备忘录的编程之旅，代码如下。

```
from tkinter import *                       # 导入 tkinter 模块
window = Tk()                               # 创建窗体
str = ["12:00 吃午饭","12:30 睡午觉","13:00 学习","17:00 吃晚饭","18:30 看书",
"22:00 睡觉"]
# 创建一天要做的事情安排
```

```
window.geometry("120x150 + 1100 + 50")                 # 设置窗体大小与位置
window.overrideredirect(True)                           # 去除窗体边框
window.attributes(" - alpha",1)                         # 设置窗体透明度
txt = Text(window,bg = "pink")                          # 创建文本域,背景设为粉色
for s in str:                                           # 依次插入一天要做的事情
    txt.insert(INSERT,s + "\n")
    txt.pack()
def closeWin(event):                                    # 定义关闭窗体函数
    global window                                       # 1)声明全局变量 window
    window.destroy()                                    # 2)关闭窗体
    window.bind("<Double - Button - 1>",closeWin)       # 窗体绑定鼠标左键双击
window.mainloop()                                       # 运行窗体
```

运行结果如图 11-10 所示。

图 11-10　桌面备忘录程序运行效果

学会 Tkinter 之后,小朋友们就可以根据工作和学习需要,编写更多的桌面工具程序,通过编程能让我们的学习和生活都更加高效和智能。

11.7　需要掌握的单词

text　文本,文档

font　字体

foreground　前景

background　背景,后景

command　命令,指令

button　按钮,徽章

label　标签

entry　进入,输入框

scroll　滚屏,滚动

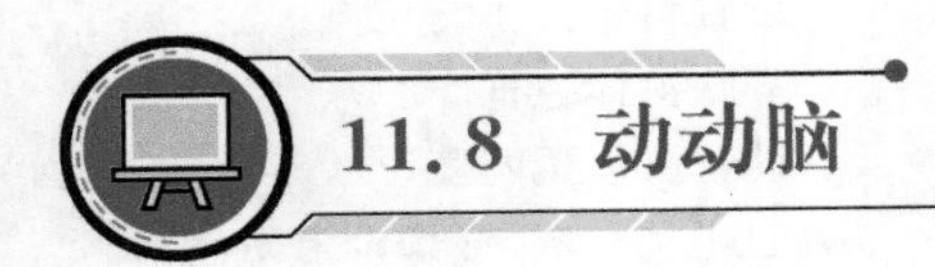

11.8 动动脑

编写骰子程序：设置一个正方形的绿色按钮，单击该按钮后，按钮上的文本会变为1～6中的任意一个正整数，效果如图11-11所示。

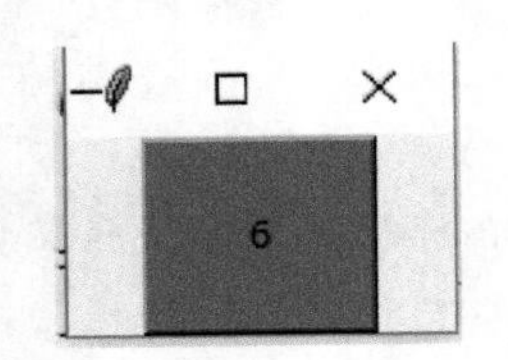

单击一下按钮➔

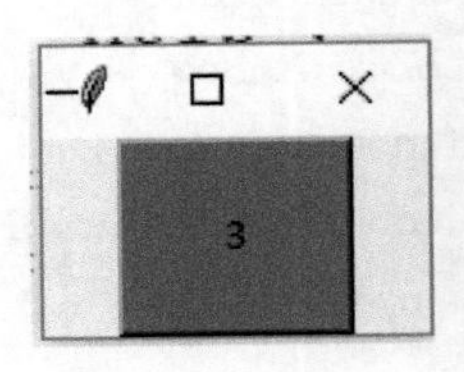

图 11-11　骰子程序运行效果

致　谢

本书能得以面世，首先要感谢清华大学出版社的编辑，以严谨的治学作风、丰富的计算机科学图书的出版编辑经验，对本书的出版提供了很多宝贵的建议。

在书稿的编写过程中，有幸和很多优秀的学生共同学习和探讨，是他们为本书的创作提供了很多灵感，感谢他们的阅读和建议。他们是嘉兴市积水小学的易启诚同学，北大附属嘉兴实验学校的倪嘉昊同学，东北师范大学南湖实验学校的檀乐文、江贻烁等同学。

最后要感谢我们的父母，他们把我们拉扯大太不容易了！

编者

2020年5月

参 考 文 献

[1] 邓英，夏帮贵. Python3 基础教程[M]. 北京：人民邮电出版社，2019.

[2] 毛雪涛，丁毓峰. 小小的 Python 编程故事[M]. 北京：电子工业出版社，2019.

[3] 夏敏捷，尚展垒. Python 游戏设计案例实战[M]. 北京：人民邮电出版社，2019.

[4] 周安琪. 少博士趣学 Python[M]. 北京：电子工业出版社，2019.

[5] Payne B. 教孩子学编程（Python 语言版）[M]. 李军，译. 北京：人民邮电出版社，2016.

[6] 唐永华，刘德山，李玲. Python3 程序设计[M]. 北京：人民邮电出版社，2019.